José Abrantes

Desenho Geométrico e Geometria III

A interdisciplinaridade com as Geometrias Plana e Espacial e com a Arte Geométrica

Perímetros e áreas de triângulos e quadriláteros. Pontos notáveis dos triângulos. Retificação e desretificação de circunferências. Tangências e suas aplicações. Corpos redondos: cilindro, cone e esfera. Algoritmo para o desenho de um polígono. A Geometria Dinâmica e *Softwares* para Desenhos Geométricos. A Arte Geométrica do tangram. Dobraduras: *origami* e *kirigami*.

EDITORA CIÊNCIA MODERNA

Desenho Geométrico e Geometria III: A interdisciplinaridade com as Geometrias Plana e Espacial e com a Arte Geométrica (Perímetros e áreas de triângulos e quadriláteros. Pontos notáveis dos triângulos. Retificação e desretificação de circunferências. Tangências e suas aplicações. Corpos redondos: cilindro, cone e esfera. Algoritmo para o desenho de um polígono. A Geometria Dinâmica e *Softwares* para Desenhos Geométricos. A Arte Geométrica do tangram. Dobraduras: *origami* e *kirigami*).

Editor: Paulo André P. Marques
Produção Editorial: Dilene Sandes Pessanha
Diagramação: Daniel Jara
Capa: Daniel Jara
Copidesque: Equipe Ciência Moderna

FICHA CATALOGRÁFICA

ABRANTES, José.

Desenho Geométrico e Geometria III: A interdisciplinaridade com as Geometrias Plana e Espacial e com a Arte Geométrica (Perímetros e áreas de triângulos e quadriláteros. Pontos notáveis dos triângulos. Retificação e desretificação de circunferências. Tangências e suas aplicações. Corpos redondos: cilindro, cone e esfera. Algoritmo para o desenho de um polígono. A Geometria Dinâmica e *Softwares* para Desenhos Geométricos. A Arte Geométrica do tangram. Dobraduras: *origami* e *kirigami*).

Rio de Janeiro: Editora Ciência Moderna Ltda., 2024.
Coleção: "Desenho Geométrico". Volume 3.

1. Matemática, Desenho Geométrico, Geometria Plana. I - Título

ISBN: 978-65-5842-362-1 CDD 510
516

Editora Ciência Moderna Ltda.
Rua Alice Figueiredo, 46 – Riachuelo
Rio de Janeiro, RJ – Brasil CEP: 20950-150
Tel: (21) 2201-6662/Fax: (21) 2201-6896
E-MAIL: LCM@LCM.COM.BR
WWW.LCM.COM.BR

03/24

Apresentação do livro de Desenho Geométrico e Geometria III, com a Geometria citada na BNCC, referente ao 8º ano do Ensino Fundamental

Em 20 de dezembro de 2017 foi homologada pelo Ministério da Educação a Base Nacional Comum Curricular – BNCC, para os anos finais do Ensino Fundamental, ou seja: 6º, 7º, 8º e 9º anos. A seguir são citados, para a "Área Temática Geometria", os "Objetos de Conhecimento e as Habilidades" para o 8º ano. Na sequência dos objetos de conhecimento, a BNCC descreve as habilidades, podendo ser interpretadas como parte dos conteúdos curriculares, ou seja, para o 7º ano as aulas de Geometria devem ser preparadas e proferidas, segundo os "Objetos de Conhecimento e as Habilidades", adiante citadas.

Como "ainda" não existe a "Área Temática Desenho Geométrico", o autor aborda os conteúdos do Desenho Geométrico, aplicados ao 8º ano do Ensino Fundamental, procurando a interação com a Geometria, estudada nas disciplinas específicas de Matemática, e segundo a BNCC.

Quando são analisados e comparados os "Objetos de Conhecimento e as Habilidades" da "Área Temática Geometria", com os conteúdos do Desenho Geométrico detalhados nesse livro, de início não são notadas correlações, mas à medida que os capítulos vão sendo desenvolvidos notam-se interações, principalmente nos exercícios resolvidos e propostos, onde além da parte gráfica são desenvolvidas operações matemáticas e geométricas, bem como aplicações práticas reais dos conteúdos.

Ensino Fundamental	Objetos de Conhecimento e Habilidades
8º ano	**Objetos de Conhecimento**: Congruência de triângulos e demonstrações de propriedades de quadriláteros. Construções geométricas: ângulos de 90°, 60°, 45° e 30° e polígonos regulares. Mediatriz e bissetriz como lugares geométricos: construção e problemas. Transformações geométricas: simetrias de translação, reflexão e rotação. **Habilidades**: **EF08MA14**: Demonstrar propriedades de quadriláteros por meio da identificação da congruência de triângulos. **EF08MA15**: Construir, utilizando instrumentos de desenho ou *softwares* de geometria dinâmica, mediatriz, bissetriz, ângulos de 90°, 60°, 45° e 30° e polígonos regulares. **EF08MA16**: Descrever, por escrito e por meio de um fluxograma, um algoritmo para a construção de um hexágono regular de qualquer área, a partir da medida do ângulo central e da utilização de esquadros e compasso. **EF08MA17**: Aplicar os conceitos de mediatriz e bissetriz como lugares geométricos na resolução de problemas. **EF08MA18**: Reconhecer e construir figuras obtidas por composições de transformações geométricas (translação, reflexão e rotação), com o uso de instrumentos de desenho ou de *softwares* de geometria dinâmica.

Além das Habilidades citadas acima, conforme a BNCC, para o 8º ano, neste volume 3 também são abordados os seguintes conteúdos:

- Perímetros e áreas de triângulos e quadriláteros;
- Estudo dos quatro pontos notáveis, e das cevianas, dos triângulos, com aplicações práticas;
- Circunferências: retificação e desretificação, com aplicações;
- Tangências: construções e aplicações e
- Introdução ao estudo dos corpos redondos: cilindro, cone e esfera.

Sobre o autor

José Abrantes nasceu no Rio de Janeiro, em 07/02/1951, tendo a seguinte formação escolar e acadêmica: Técnico de Máquinas e Motores (ETFCSF), Engenheiro Mecânico (UERJ), licenciado em Desenho (UCAM), licenciado em Matemática (UCAM), Especialista em docência do Ensino Fundamental e Médio (UCAM), Especialista em Docência do Ensino Superior (FABES/ISEP), Mestre em Tecnologia – M.Sc. (CEFET/RJ), Doutor em Engenharia de Produção – D.Sc. (COPPE/UFRJ). Pós-Doutorado, voltado à área de educação (FEAGRI/UNICAMP) e Pós-Doutorado, estudando a Pedagogia Empresarial (UFF). Trabalhou sete anos (1970 a 1976) como desenhista e projetista e 22 anos como engenheiro (1977 a 1998), sendo 17 anos como calculista de equipamentos e cinco em fábricas, como gerente de engenharia e manutenção. Entre 1999 e 2002 foi professor de Desenho Técnico da FAETEC. Entre 1998 e 2015 atuou como professor do ensino superior em diversas instituições privadas. É professor associado aposentado do Instituto de Aplicação Fernando Rodrigues da Silveira - CAp/UERJ, onde atuou no Departamento de Matemática e Desenho - DMD (entre 2002 e 2015). Entre janeiro de 2000 e fevereiro de 2023, foi professor do Departamento de Geometria e Representação Gráfica, do Instituto de Matemática e Estatística, da Universidade do Estado do Rio de Janeiro – IME/UERJ, tendo se aposentado em março de 2023, como professor titular.

Um pouco de história e a importância do ensino de "Desenho Geométrico", nos anos finais (6º ao 9º ano) do Ensino Fundamental

A disciplina "Desenho Geométrico" foi componente curricular obrigatório no Ensino Básico brasileiro por cerca de 30 anos, de 1930 a 1960. Na década de 1960, a Lei de Diretrizes e Bases da Educação (LDB), Lei 4.024 de 1961, conferiu novos rumos ao ensino de Desenho no Brasil. Desde então, a disciplina começou a experimentar certo desprestígio, passando a figurar como disciplina obrigatória complementar. A situação agravou-se com a promulgação da LDB 5.692/71 (de 11 de agosto de 1971), que tornou o ensino de Educação Artística obrigatório no Ensino Básico, enquanto o Desenho ficou como disciplinar complementar, não obrigatória. Apenas poucas escolas, em todo o Brasil, mantiveram o ensino de "Desenho Geométrico" na Educação Básica.

Desde dezembro de 1996, com a promulgação da LDB 9.394/96 (Lei Darcy Ribeiro), infelizmente o Desenho, tanto no Ensino Fundamental (Desenho Geométrico), quanto no Ensino Médio (Geometria Descritiva), não se enquadra como disciplina curricular obrigatória, tampouco como disciplina optativa. Também os Parâmetros Curriculares Nacionais - PCNs (1998) para o ensino de Artes, do 6º ao 9º ano, não fazem qualquer referência à disciplina de Desenho. Nos PCNs destinados ao ensino de Matemática para esses mesmos anos, encontram-se alguns poucos indicativos, porém o Desenho aparece servindo apenas como auxiliar na conceituação dos assuntos.

Em 20 de dezembro de 2017 foi homologada, pelo Ministério da Educação, a "Base Nacional Comum Curricular – BNCC", para os anos finais do Ensino Fundamental, ou seja: 6º, 7º, 8º e 9º anos, mais uma vez não citando diretamente o ensino de Desenho Geométrico. Embora não citado claramente, nas Habilidades do 8º ano, fica implícita a prática do Desenho Geométrico, o que pode ser comprovado pelo detalhamento da Habilidades EF08MA16.

Para além do embasamento legal citado, quanto ao ensino de Desenho Geométrico, é comprovado que, ao conduzir o ensino de Desenho Geométrico de forma interrelacionada com o ensino da Geometria, via Matemática, os alunos, já desde o 6º ano, desenvolvem facilidades para aprender mais facilmente a Matemática. Por que isso acontece?

Alguém já disse que: "uma imagem vale mais do que mil palavras". Como a prática do Desenho Geométrico é baseada em imagens de entidades matemáticas, fica mais visual e prático compreender a lógica do raciocínio abstrato da Matemática. Também não se pode omitir que, ao desenhar em folhas de papel, bem como em tela, os alunos desenvolvem mais facilmente suas habilidades viso espaciais e pictóricas, ou seja, habilidades de se expressar por símbolos, figuras, desenhos e gráficos. Em resumo, o ensino de Desenho Geométrico, interrelacionado ao de Geometria, em muito ajuda ao desenvolvimento das habilidades Lógico Matemática, Viso Espacial e Pictórico.

O estudo do "Desenho Geométrico" em muito ajuda a aprendizagem da Geometria, que estuda as figuras relacionando-as com números, que são suas medidas. O desenho geométrico estuda as figuras ou imagens, relacionando-as com suas representações. O desenho concretiza os conhecimentos teóricos da geometria, conseguindo definir conceitos, demonstrar propriedades e resolver problemas. O aprendizado da Geometria fica muito facilitado, quando se estuda o desenho geométrico, concomitantemente.

Em 1986, foi feita uma pesquisa consistindo de um teste de Geometria aplicado a 136 alunos da 8ª série (atual 9º ano do Ensino Fundamental) de seis escolas de Curitiba, no Paraná, comparando os rendimentos entre aqueles alunos que tiveram e aqueles que não tiveram a oportunidade de estudar Desenho Geométrico. Os resultados mostraram que os alunos das escolas que ofereceram a disciplina "Desenho Geométrico" apresentaram um desempenho significativamente melhor em relação aos outros. Os professores, por outro lado, opinaram que o "Desenho Geométrico" torna concreto os conteúdos abstratos da Geometria e as duas disciplinas se completam. Muitos especialistas em Educação recomendam que o "Desenho Geométrico" retorne como disciplina obrigatória no currículo das séries finais (6º ao 9º anos) do Ensino Fundamental, recomendando que os conteúdos de Geometria sejam revitalizados tendo em vista uma possível integração com o "Desenho Geométrico".

O professor José Abrantes, após 15 anos lecionando "Desenho Geométrico", no Instituto Fernandes Rodrigues da Silveira, o Colégio de Aplicação da UERJ, e após 23 anos lecionando disciplinas de

Representação Gráfica, para cursos de Engenharia da UERJ, bem como Práticas de Ensino, na Licenciatura em Matemática do IME/UERJ, confirma que, tanto nos cursos de Engenharia, quanto na Licenciatura em Matemática, tiveram melhores rendimentos, aqueles alunos que estudaram as disciplinas "Desenho Geométrico" e "Geometria Descritiva".
É dessa forma que estão desenvolvidos os quatro volumes dos livros de Desenho Geométrico do professor José Abrantes, onde os conteúdos, capítulo a capítulo seguem e interagem com as "Habilidades" descritas na "Área Temática Geometria", citadas na BNCC, do 6º ao 9º ano do Ensino Fundamental. Ou seja, não é apenas ensinar por ensinar Desenho Geométrico, mas sim ajudar e interagir com o ensino e aprendizado da Matemática.

A prática do Desenho Geométrico na prancheta e na forma digital

Já há algum tempo, muitos profissionais, inclusive professores de Matemática, vivem a ilusão ou crença de que os *softwares* e o computador solucionarão os problemas das "formas geométricas" com criatividade e inovação. Embora as novas gerações de profissionais ligados à área gráfica sabem muito bem usar as ferramentas eletrônicas de Desenho, (e são inquestionáveis as potencialidades dos diversos *softwares* existentes), percebe-se a falta de uma base conceitual e atuações automáticas ou "robotizadas". Será que basta apenas saber usar determinados aplicativos e programas, sem conhecer os fundamentos e os conceitos? Será que o ensino de Desenho, seja através de instrumentos analógicos (régua e compasso), seja via programas gráficos, serve apenas para algumas poucas pessoas (projetistas, engenheiros e arquitetos) exercerem suas profissões? Práticas pedagógicas, mostram que o ensino de Desenho Geométrico e da Geometria Descritiva, além de muito auxiliar numa melhor compreensão da Matemática, muito ajuda a desenvolver, tanto o raciocínio lógico, quanto a visão espacial, habilidades fundamentais para a inovação e criatividade, seja em que área for.
A propósito do "pensamento" de algumas pessoas (inclusive professores), que é "besteira" e perda de tempo ensinar Desenho Geométrico e Geometria Descritiva, na Educação Básica, bastando apenas "treinar" o profissional em alguns programas de desenho via computador, deve ser esclarecido que, conforme citado na própria LDB 9.394/96, a Educação Básica não tem como finalidade, apenas, despejar profissionais no mercado. Muito mais do que simples "usuários", todos deveriam aprender a "pensar" e, nisto o ensino de "Desenho Geométrico" muito pode ajudar. O mesmo raciocínio pode ser estendido ao ensino da "Geometria Descritiva".
Por exemplo, de nada adianta "apenas" ensinar alguns comandos do *software* AutoCad®, para estudantes de Engenharia e colocá-los para "fazer" alguns desenhos, de forma automática e sem entender o conceito. Por quê? Porque, na prática, quem desenha com exatidão são os profissionais específicos, chamados desenhistas e projetistas, conhecidos como "Cadistas". Somente em casos muito específicos, é que um engenheiro, realmente, faz um desenho com precisão, por exemplo, no computador. Ou seja, "ensina-se" o uso de uma ferramenta, que não será utilizada constantemente pelo engenheiro, e deixa-se de ensinar, por exemplo, a disciplina, Geometria Descritiva, que irá realçar as inteligências verbo linguística, lógico matemática, viso espacial e pictórica, estas sim, essenciais ao exercício profissional de diversas áreas.

Observação geral: todas as imagens e desenhos deste livro foram produzidas usando o programa Word. Os desenhos onde medidas exatas foram exigidas, primeiro foram gerados em folhas A4, com os instrumentos clássicos como: esquadros, compasso, transferidor e escalímetro.

SUMÁRIO

Capítulo 1

A natureza do desenho geométrico. Tipos de letras. Materiais e instrumentos utilizados. Escalas gráficas e numéricas. O manuseio do par de esquadros

1.1 O desenho geométrico: ensino, importância e aplicações práticas

O desenho geométrico consiste de um conjunto de processos para a construção de formas geométricas, bem como na resolução de problemas de Geometria, ou seja, Matemática. Classicamente, os desenhos geométricos são feitos com a utilização de instrumentos como: régua, compasso e o par de esquadros. Já há anos que desenhos geométricos podem ser feitos com o auxílio de *softwares* específicos, que simulam os traçados executados pelos instrumentos básicos citados.

O aprendizado do desenho geométrico, em muito auxilia a compreensão da Geometria, bem como de partes da Álgebra. Em termos de aplicações práticas reais, os elementos e as figuras geométricas estão presentes nos desenhos técnicos projetivos. Além de básico para áreas como Engenharia, Arquitetura e Desenho Industrial (*Design*), o aprendizado do desenho geométrico ajuda ao desenvolvimento das habilidades pictóricas e visuais, importantíssimas nas mais diversas atividades humanas.

Outra característica do desenho geométrico é permitir a execução de belas obras no campo da chamada "Arte Geométrica". No capítulo 7 deste livro são mostradas diversas composições artísticas geométricas, utilizando os elementos e figuras geométricas, estudadas ao longo do livro.

1.2 Tipos de letras e números padronizados usados em desenho geométrico

Existem dois tipos de letras: a cursiva e a desenhada. A cursiva, também conhecida como "letra de mão", é aquela que compões a escrita individual de cada pessoa. Em desenho geométrico utiliza-se uma letra desenhada, que segue normas técnicas sendo, portanto, padronizada.

A norma ABNT NBR 8402, da Associação Brasileira de Normas Técnicas, fixa as características desta escrita usada em desenhos e documentos, incluindo desenhos geométricos. Pode ser produzida tanto à mão livre, com o auxílio de instrumentos, como por meio do computador.

No Brasil, esta escrita é feita com letras tipo bastão ou letra de imprensa, maiúsculas e minúsculas, podendo ser, tanto na vertical, quanto inclinadas a 75° (75 graus). Os números e símbolos também seguem estas posições. A distância entre os caracteres deve corresponder, no mínimo a, duas vezes a largura da linha, conforme Figuras 1.1 a, b, c e Tabela 1.1. transcritos da norma NBR 8402.

A altura h, que corresponde à altura das letras maiúsculas, possui razão dois (2), correspondente à razão dos formatos de papel usados em desenhos geométricos. O tamanho da letra e ou número está diretamente relacionado ao tamanho da folha. Formatos maiores, admitem letras maiores e vice versa. As alturas h e c não devem ser menores do que 2,5 mm. Na aplicação simultânea de letras maiúsculas e minúsculas, a altura h não deve ser menor que 3,5 mm.

Características	**Relação**	**Dimensões (mm)**						
Altura das letras maiúsculas = h	(10/10) h	2,5	3,5	5	7	10	14	20
Altura das letras minúsculas = c	(7/10) h	-	2,5	3,5	5	7	10	14
Distância mínima entre caracteres = a*	(2/10) h	0,5	0,7	1	1,4	2	2,8	4
Distância mínima entre linhas de base = b	(14/10) h	3,5	5	7	10	14	20	28
Distância mínima entre palavras = e	(6/10) h	1,5	2,1	3	4,2	6	8,4	12
Largura da linha = d	(1/10) h	0,25	0,35	0,5	0,7	1	1,4	2

Tabela 1.1: proporções e dimensões de símbolos gráficos
(*Fonte*: NBR 8402)

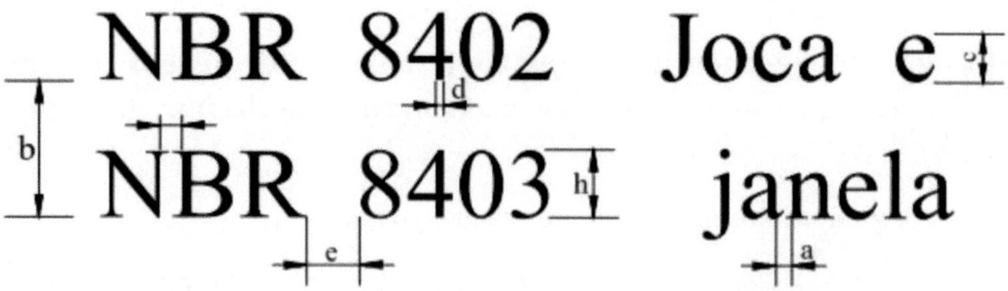

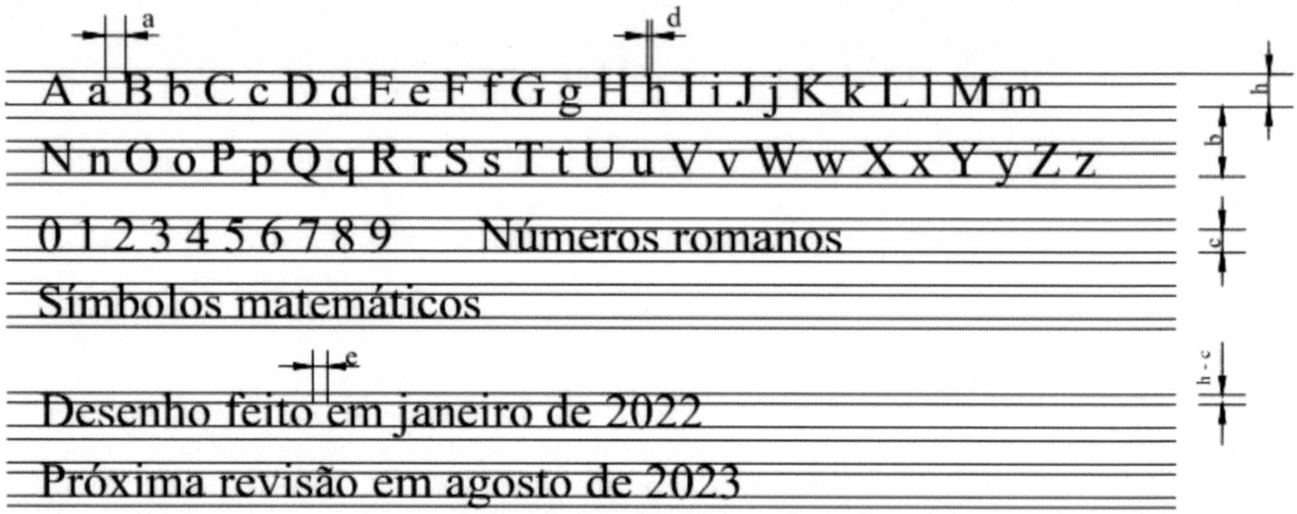

Figura 1.1 (b): características da escrita vertical

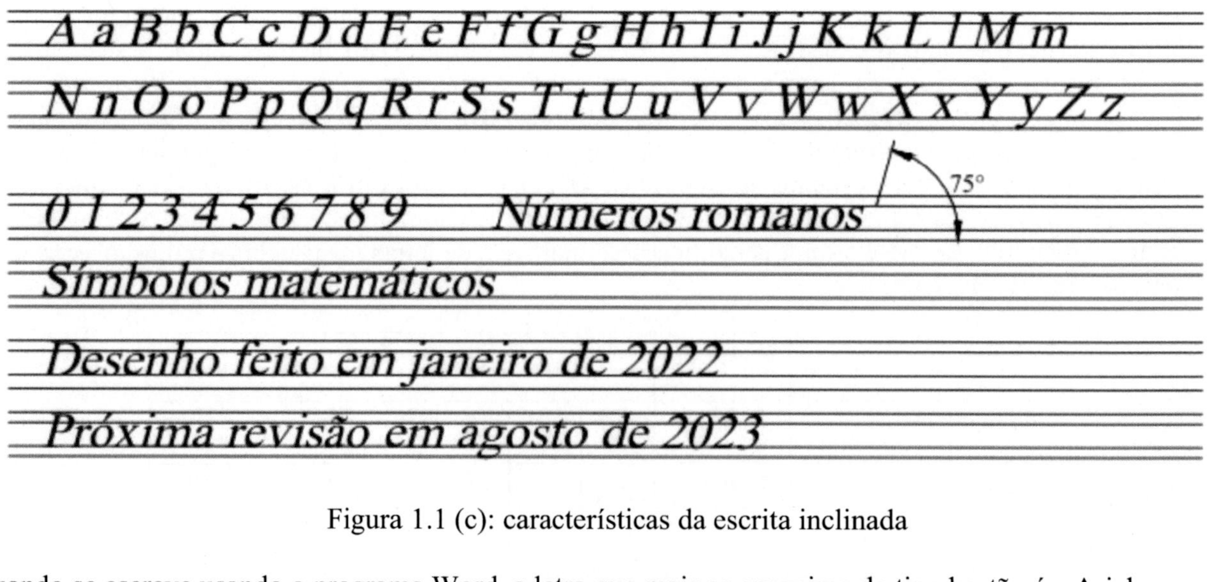

Figura 1.1 (c): características da escrita inclinada

Quando se escreve usando o programa Word, a letra que mais se aproxima da tipo bastão é a Arial.

1.3 Características das folhas de papel usadas em desenhos geométricos (e técnicos)

A Associação Brasileira de Normas Técnicas – ABNT, através da Norma NBR 10068 (Folha de Desenho. Leiaute e Dimensões), define os seguintes formatos (dimensões), que normalmente são usados para a execução de desenhos técnicos profissionais: A0, A1, A2, A3 e A4. Existem outros formatos, mas estes são os mais utilizados. Para desenhos geométricos, executados no Ensino Fundamental do 6º ao 9º ano, podem ser utilizados os formatos A4 ou cadernos de desenhos, com folhas na horizontal (ou deitadas) e sem linhas. Esses cadernos têm as dimensões 275 mm x 200 mm, inclusive com divisões para o aluno colocar seus dados como: nome, turma, nome do professor, data e tipo de trabalho.
Os tamanhos de papel definidos pela norma ABNT 10068 têm a particularidade de a razão entre sua altura e sua largura ser exatamente igual à raiz quadrada de dois ($\sqrt{2}$), o que significa que quando, por exemplo, se unem duas folhas A4 obtém-se uma folha A3, com exatamente o dobro da área e com as mesmas proporções. O tamanho A4 tem essa designação porque é a quarta divisão consecutiva do tamanho A0, que se caracteriza por ter exatamente um metro quadrado (1 m^2) de área com lados na razão de um para raiz quadrada de dois. O tamanho ABNT do papel para desenhos técnicos, obedece ao sistema métrico, onde uma folha A0 tem 1 m^2, sendo que uma folha A0 equivale a duas folhas A1 ou quatro A2, oito A3 e 16 A4. A tabela e a figura a seguir mostram as proporções, dimensões e detalhes da folha A4.

Formato	Largura x Altura (mm*)
A0	841 x 1.189
A1	594 x 841
A2	420 x 594
A3	297 x 420
A4	210 x 297

*mm é a abreviatura de milímetro, que é a milésima parte de um metro (m). **cm é a abreviatura de centímetro, que é a centésima parte de um metro. As réguas plásticas, normalmente vendidas com comprimento de 30 cm, têm as divisões maiores em centímetros e as menores em milímetros.

A folha formato A4, muito utilizada em desenho geométrico, além das dimensões: 210 mm (21 cm**) de largura e 297 mm (29,7 cm) de altura, tem uma margem esquerda de 25 mm (2,5 cm) e margens direita, superior r inferior de 7 mm (0,7 cm).

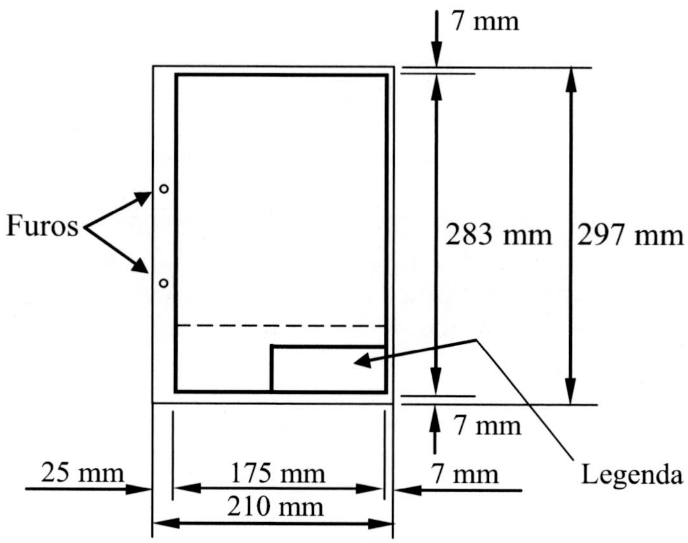

Notas:

1) É na margem esquerda que são feitos os furos para o arquivamento em pastas.

2) É na legenda que são colocadas informações Como: nome, turma, data, etc.

Figura 1.2: detalhes da folha tamanho A4

1.4 Os tipos de grafites usados em desenhos geométricos

Para desenhos feitos à mão com os instrumentos clássicos, são usadas lapiseiras ou lápis, ou seja, grafite. Além de diversas espessuras, existem diversos tipos ou tons de grafite, indo do mais claro, que é o 9H, até o mais escuro, que é o 9B. Observa-se que, quanto mais claro (série H) mais duro e quanto mais escuro (série B), mais macio. Já o grafite usado nos lápis de madeira só apresenta as seguintes quatro classificações: B, H, F e HB. Estas letras vem dos seguintes termos em inglês:

B é *blackness* ou negritude; H é *hardness* ou dureza; F é *fine* ou ponta fina e HB é um tipo de grafite de dureza média, que está entre o H e o B. Considerando uma escala do mais rígido para o mais macio, os grafites apresentam a seguinte classificação:

9H - 8H - 7H - 6H - 5H - 4H - 3H - 2H - H - F - HB - B - 2B - 3B - 4B - 5B - 6B - 7B - 8B - 9B.

Quanto maior o número, mais acentuada é a característica, representada pela letra, ou seja: 9H é mais duro que o 3H, enquanto um 9B é mais macio que o 2B.
Uma dúvida que surge, especialmente entre os iniciantes no desenho geométrico é quanto a qual tipo de grafite usar. Embora a escolha seja pessoal, já que depende inclusive se a pessoa tem a mão mais "pesada" ou mais "leve", podem ser feitas as seguintes recomendações:
Traçado de linhas e escritas, costuma-se usar a dureza média: HB ou F.
De modo geral, utilizam-se os grafites mais duros (série H) para obter traçados claros e os mais suaves (série B) para obter sombras e preencher áreas mais escuras. Deve ser dito que, os mais duros são mais difíceis de serem apagados (usando a borracha tipo plástica), enquanto os mais suaves podem ser totalmente apagados, sem deixar sulcos no papel. Ainda, de forma geral, na prática, do desenho geométrico à mão e instrumentos, usando o papel tipo Canson, trabalha-se normalmente na faixa entre o F, HB e B.

1.5 Tipos de linhas usadas em desenho geométrico

Quanto à forma (morfologia) as linhas podem ser classificadas como:

Linha sinuosa: 

Linha curva: 

Linha mista: 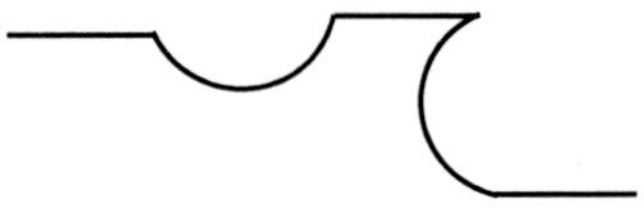

Linha poligonal: 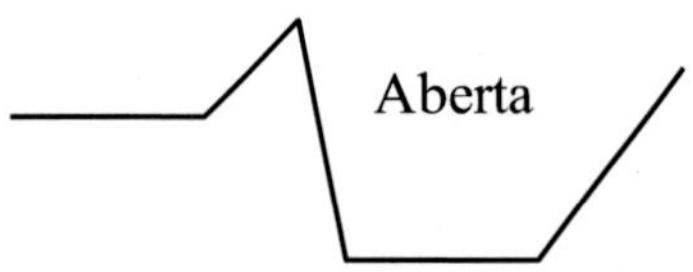

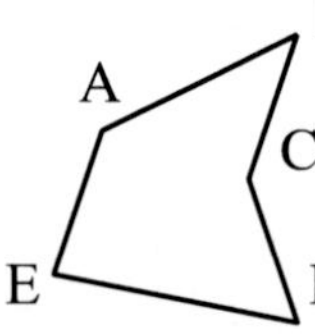

Fechada
(Aqui tem-se um pentágono irregular côncavo)

A palavra poligonal é originária de polígono, onde, em grego, *poli* sinifica vários e *gono* ângulo. Ou seja, é uma linha quebrada com vários ângulos. Polígonos são figuras planas ou linhas poligonais fechadas. No início deste capítulo, os três pontos D, E, F, que definem o plano α, quando unidos (linha tracejada) definem uma figura plana, no caso um triângulo. Como será visto em outro capítulo, triângulo ou trilátero é uma figura plana poligonal, com três lados (DE, DF e EF) e três ângulos. Tri significa três.

Linha ondulada: 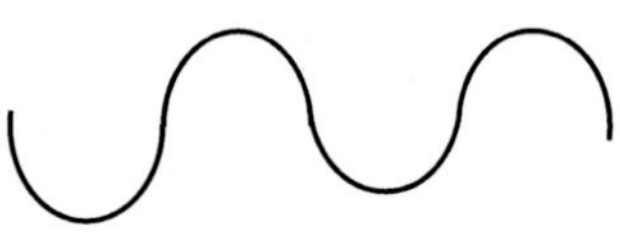

Linha reta contínua (segmento de reta AB): A ———————————— B

Linha reta interrompida ou tracejada (segmento de reta CD): C - - - - - - - - - - - - - - - - - D

Linha reta traço e ponto (ou linha de centro ou de simetria): E —·—·—·—·—·—·— F
(É usada, por exemplo, para definir o ponto do centro de uma circunferência).
*O centro é onde se coloca a ponta seca ou metálica do compasso.

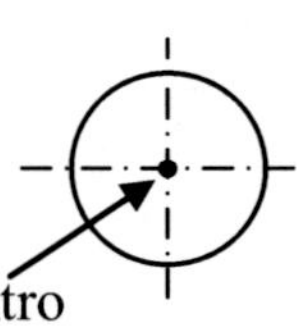

*Centro

1.6 Classificação dos segmentos de retas, quanto às posições no plano

Quanto à posição isolada, os segmentos de retas ou linhas são classificados como: horizontais, verticais e inclinadas.

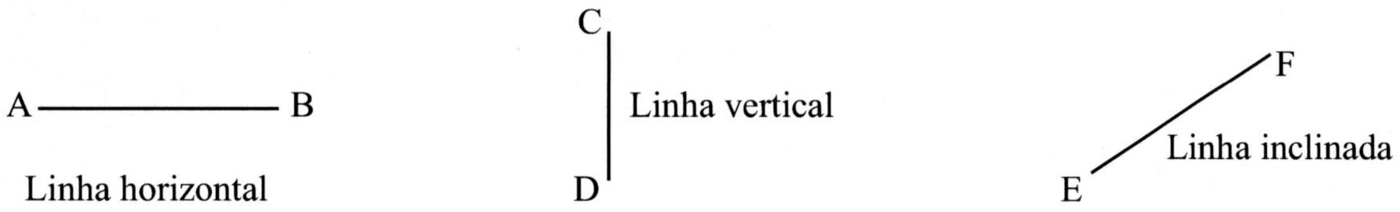

Quanto à posição relativa, as linhas são classificadas como: paralelas, perpendiculares e oblíquas.

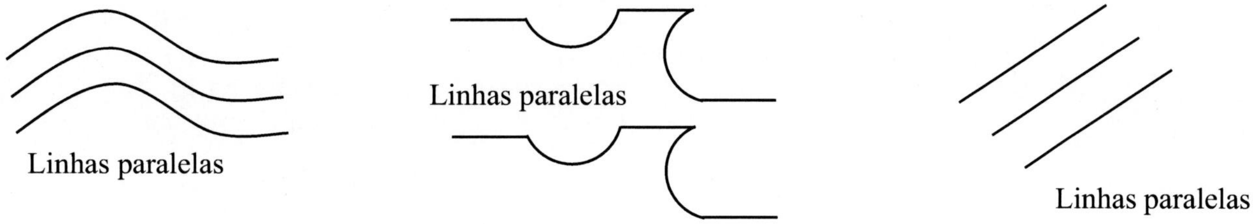

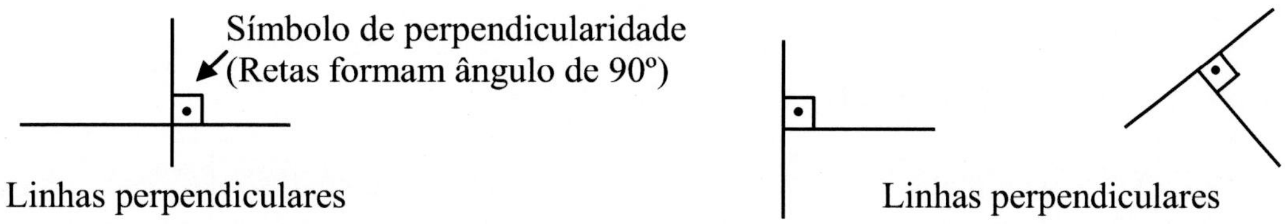

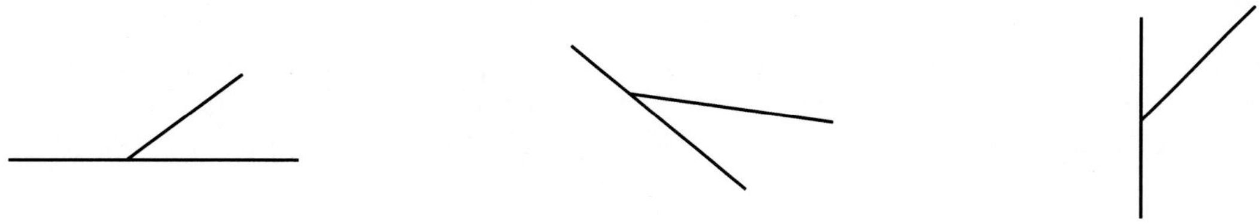

Linhas oblíquas (inclinadas, uma em relação à outra)

1.6.1 Exemplos de aplicações de segmentos de retas

Na prática da Matemática, os segmentos de retas são muito utilizados, por exemplo, no estudo de polígonos.

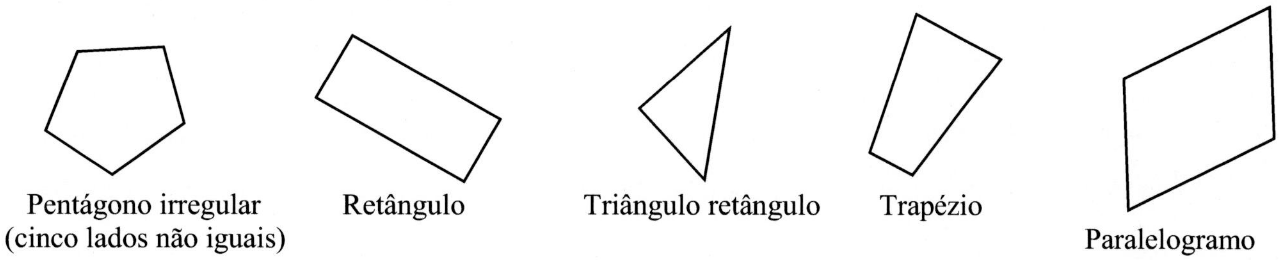

Observa-se que, propositadamente, esses polígonos foram desenhados de forma inclinada. A razão é mostrar que, dependendo do problema a ser estudado, os segmentos de retas podem se apresentar em quaisquer posições.

Baseado em Euclides de Alexandria (325 a.C. - 265 a.C.), podem ser citados quatro elementos básicos do estudo da Geometria: o ponto, a linha, o plano e o sólido.

• O ponto. Não tem dimensão.

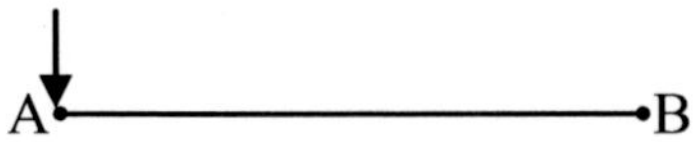

A linha (segmento AB). Tem apenas uma dimensão: comprimento ou módulo.

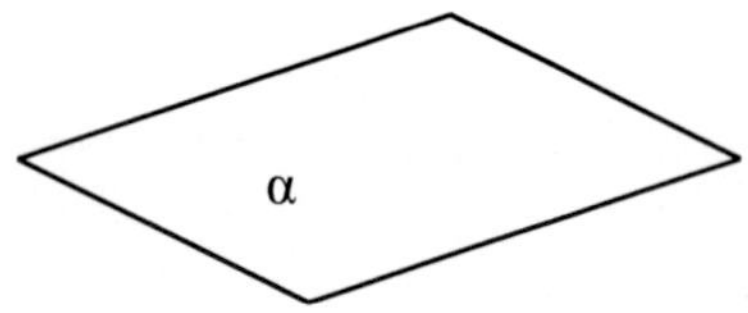

O plano. Tem duas dimensões (comprimento e largura). (uma folha de papel é um bom exemplo de plano).

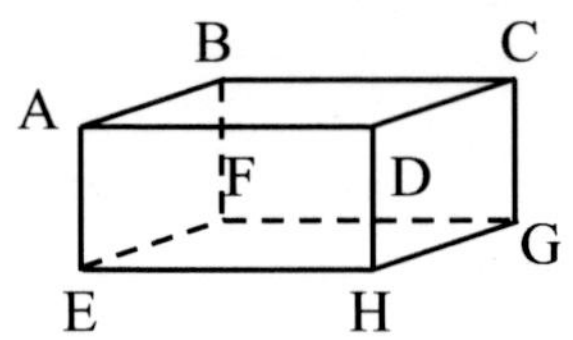

O sólido. Tem três dimensões.

Nesse prisma de base retangular, ocorrem:

Pontos: A, B, C, D, E, F, G e H.
Linhas: AB, CD, EF, GH, AD, BC,EH e FG.
Planos: ABCD, EFGH, ABEF, CDGH, ADEH e BCFG

Geometricamente, esses pontos são chamados vértices, as linhas são arestas e os planos faces.

Um bom exemplo prático da ocorrência dos quatro elementos básicos da Geometria é o de uma caixa de papelão, como o prisma citado acima.

1.7 Os materiais para a prática do desenho geométrico

O desenho geométrico pode ser feito, tanto usando os principais instrumentos clássicos, chamados analógicos: régua, compasso e esquadro, quanto por programas de computador ou *softwares*, como citados adiante.

A régua graduada: é uma régua de plástico transparente, normalmente vendida nos comprimentos de 10, 15, 20, 30, 40 e 50 centímetros. Este tipo de régua, em geral a de 20 cm, atende muito bem aos objetivos dos conteúdos da disciplina Desenho Geométrico, para os 6º e 7º anos do Ensino Fundamental. Para os 8º e 9º anos, recomenda-se o uso das escalas triangulares ou escalímetros.

A escala triangular ou escalímetro: embora, na prática, não seja normal usar escalas no ensino da disciplina Desenho Geométrico, é importante citar o instrumento chamado escala triangular ou escalímetro, que em geral, é usado na disciplina "Desenho Técnico Projetivo", estudada tanto em cursos técnicos de nível médio, quanto em cursos superiores como Arquitetura, Desenho Industrial ou *Design* e Engenharia.
Como o Desenho Técnico Projetivo é utilizado para representação de objetos, peças, máquinas, equipamentos, prédios e até sistemas completos e complexos de produção industrial, concluí-se que, nem sempre será possível representar os objetos em suas verdadeiras grandezas. Portanto, para permitir a execução dos desenhos, os objetos e peças grandes precisam ser representados com suas dimensões reduzidas, enquanto os objetos, ou detalhes, pequenos necessitarão de uma representação ampliada. Por exemplo, o desenho de uma planta de uma casa é feito com uma escala de redução (em geral 1:50), já o desenho de um alfinete, devido seus detalhes mínimos, será feito com uma escala de ampliação (por exemplo, 5:1).

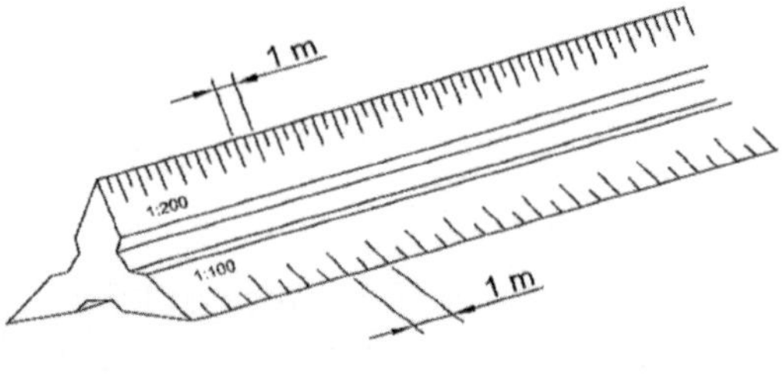

Este é o formato dos escalímetros, normalmente vendidos no comércio de artigos de desenho técnico e usado por desenhistas e outros profissionais da área.

O par de esquadros sem escala ou liso (sem marcação de medidas): embora no comércio existam pequenos esquadros de plástico, com marcações em centímetros e milímetros, em uma das bordas, o autor não recomenda o uso dos mesmos, pois, embora sejam mais baratos do que os recomendados a seguir, quebram com muita facilidade, além do fato de que medidas devem ser feitas com réguas ou escalímetros. O par de esquadros recomendado, a seguir descrito, são chamados de esquadros para Desenho Técnico, fabricados em acrílico, com dois milímetros (2 mm) de espessura.
O par de esquadros é composto por um triângulo isósceles, com dois ângulos de 45º (quarenta e cinco graus) e outro triângulo escaleno, com um ângulo de 30º (trinta graus) e um ângulo de 60º (sessenta graus). Os esquadros são utilizados para traçar retas paralelas e perpendiculares, além de ângulos, como será detalhado mais a frente. Os dois esquadros são diferentes na forma e nas medidas.
No mercado existem pares de esquadros das mais variadas dimensões, mas para os objetivos do ensino de Desenho Geométrico, no Ensino Fundamental, esquadros com a hipotenusa do esquadro de 45º igual a cerca de 21 cm, e o lado maior do esquadro de 30º , 60º de 26 cm, atendem e permitem todas as atividades da disciplina.

O compasso: a função principal do compasso é traçar circunferências e arcos, sendo fundamental, por exemplo, para o desenho de concordâncias. Outra função importante do compasso é transferir medidas e fazer marcações. Existem diversos tipos de compassos à venda no mercado, desde os mais simples, de baixo preço até estojos de compasso com vários acessórios, de alto custo. Para as atividades da prática do Desenho Geométrico, deve ser utilizado um compasso chamado para "Desenho Técnico", de metal e com articulações que permitam traçar circunferências de até 20 centímetros de diâmetro, ou seja, 10 centímetros de raio.
Ao adquirir um compasso com essas características, o aluno terá um material para uso em todo o Ensino Fundamental e Médio, também podendo ser utilizado nos cursos superiores de Arquitetura, *Design* e Engenharia.

Lápis preto, lapiseiras e lápis de cor: para a prática da disciplina Desenho Geométrico, tanto podem ser usados lápis preto, quanto lapiseiras, sendo estas mais caras. O lápis tem o inconveniente de precisar ser apontado, à medida que vai sendo utilizado, pois o grafite do lápis vai sendo depositado no papel. No caso da lapiseira, basta ir regulando a ponta do grafite. Tanto no lápis, quanto na lapiseira, devem ser utilizados o grafite B. Para ir afinando a ponta do lápis pode-se usar lixa de unha.
Como na prática do Desenho Geométrico é possível a prática da chamada "Arte Geométrica", ou seja, desenhos geométricos coloridos, também recomenda-se ter uma caixa de 12 lápis de cor, normalmente já solicitada e usada nas aulas de Educação Artística.

Transferidor: é um instrumento para marcar ângulos, diferentes daqueles que têm no par de esquadros. Recomenda-se o uso do transferidor de 360 graus, de plástico, como na imagem, e na espessura de 3 mm.
No mercado existem à venda diversos tipos de transferidores, a grande recomendação é que seja um com a marcação dos 360 graus, ou seja, no formato de uma circunferência. Existem também os de meia circunferência, mas que não são os mais adequados para a prática dos Desenhos Geométricos.

Borracha plástica, para desenho a grafite em papel: existem vários modelos, em várias cores. Outra opção são as chamadas borrachas plásticas tipo caneta, que são redondas e também funcionam bem para a prática do Desenho Geométrico. Também são apresentadas em várias cores. Não devem ser usadas as clássicas borrachas na cor verde, pois mais sujam o papel do que apagam.

Caderno para execução dos desenhos geométricos: deve ser utilizado caderno em espiral, com capa dura, com folha branca lisa e papel *canson*. Observa-se que as folhas de papel A4, normalmente fornecidas em pacotes com 100 ou 500 folhas, não são as mais adequadas para a prática da disciplina Desenho Geométrico. No caderno em espiral com capa dura, o aluno do Ensino Fundamental, vai mantendo, ano após ano, todas as atividades juntas, tal e qual os cadernos das demais disciplinas. Tal e qual a Matemática, o aprendizado do Desenho Geométrico é um processo acumulativo, ou seja, o aluno vai utilizar no 8º ano, as bases que estudou no 6º e 7º e assim sucessivamente.

Pasta plástica para a guarda e transporte do material de desenho: é a pasta onde devem ser guardados e mantidos, todos os materiais de desenho já citados. Tanto podem ser usadas as pastas de aba tipo elástico (menor custo), quanto as de alça. As de aba tipo elástico são mais apropriadas para colocar na mochila, que carrega também outros cadernos e livros, de outras disciplinas.

1.8 O manuseio do par de esquadros

Com os esquadros de 45º e 30º x 60º é possível inúmeras posições, permitindo o traçado de retas paralelas, perpendiculares, bem como de ângulos dos próprios esquadros. A seguir são mostradas as posições mais utilizadas, para traçar retas na horizontal e na vertical, bem como perpendiculares entre si, observando-se que existem inúmeras possibilidades de posições. É importante que os dois esquadros sejam usados ao mesmo tempo, seja qual for a posição adiante, pois assim permitem o traçado de paralelas e perpendiculares, com apenas uma movimentação ou deslizamento.

Esquadro de 45º na vertical

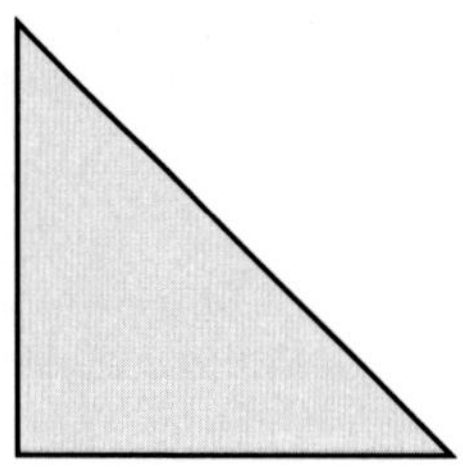

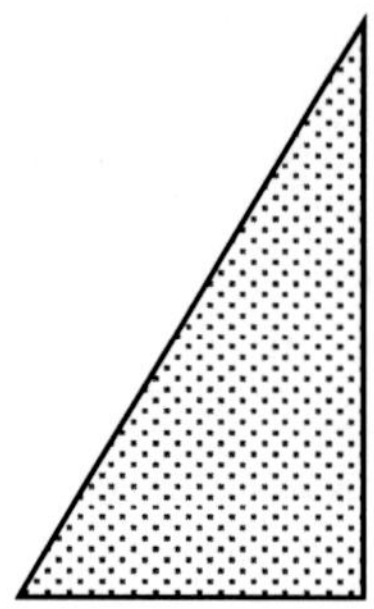

Esquadro de 30º x 60º
na vertical

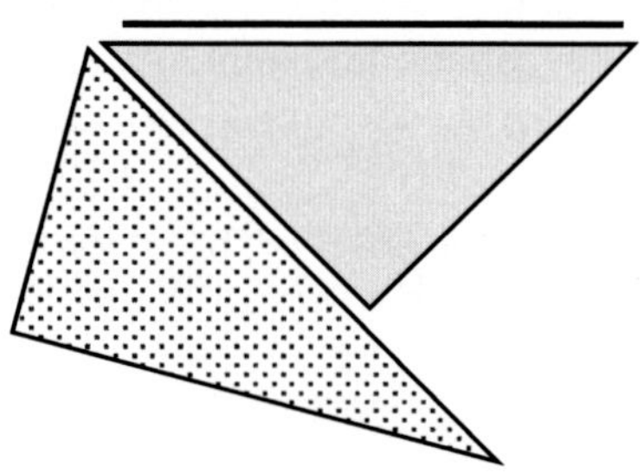

← ou →
Para desenhar linhas horizontais.
O esquadro de 30º x 60º pode ficar
posicionado à esquerda ou à direita.

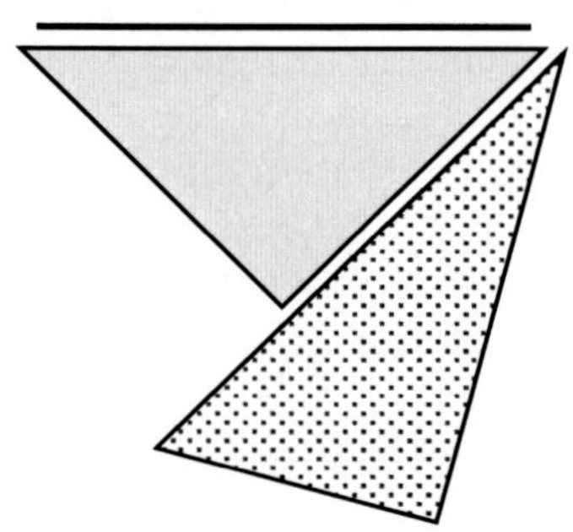

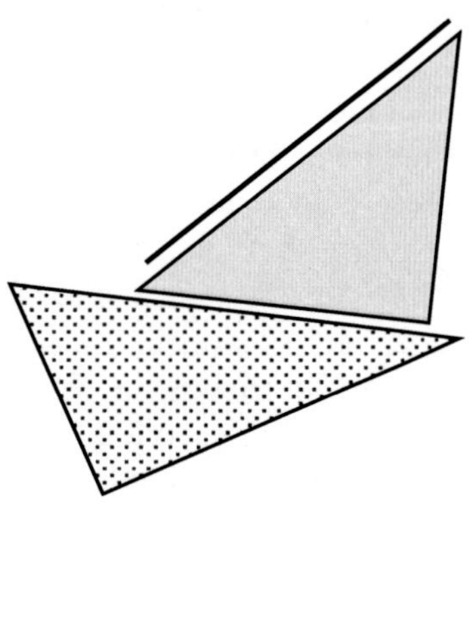

← ou →
Para desenhar linhas inclinadas,
à direita ou à esquerda.

Observa-se que, com o deslizamento
dos esquadros, para cima ou para baixo
e para os lados, são traçadas retas paralelas.

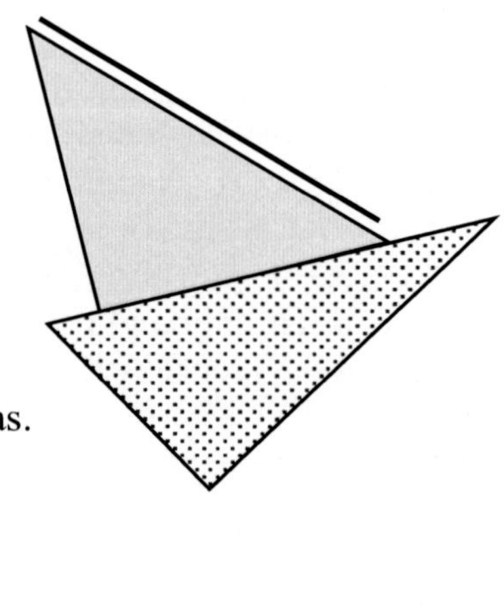

1.8.1 Traçando retas paralelas com o par de esquadros

Com a movimentação e o deslizamento dos esquadros, para a direita e/ou para a esquerda, para cima e/ou para baixo, é possível traçar retas paralelas, nas mais diversas posições, como a seguir mostrado. Observa-se que, na internet é possível visualizar todos esses movimentos, com vídeos aulas, onde professores demonstram, tanto na lousa, quanto em folhas de papel, os mais variados movimentos, para obter retas paralelas, nos mais diferentes sentidos.

Paralelas horizontais

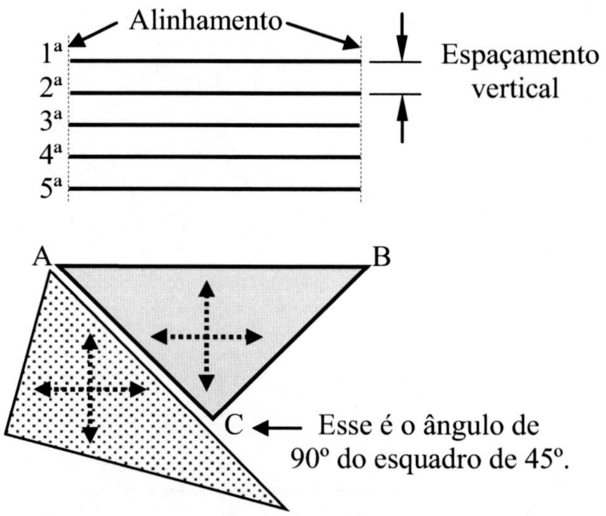

Para essa sequência de cinco retas horizontais paralelas de mesmo comprimento, a partir da 1ª, os dois esquadros vão sendo movimentados da seguinte forma: o de 30º x 60º para baixo e um pouco para a esquerda e direita, e o de 45º para baixo, mas também para a esquerda e para a direita, de forma se ter as paralelas com o mesmo espaçamento e alinhamento.

Essa sequência de movimentos, permite traçar várias paralelas, de mesmo comprimento, com o mesmo espaçamento vertical.

O traçado das paralelas é de cima para baixo, para não se correr os esquadros sobre linhas já traçadas, o que pode "sujar" a folha, ao se passar o esquadro sobre as linhas já traçadas.

Observa-se que, os vértices A, B e C, são os do esquadro de 45º.

Paralelas inclinadas à esquerda a 45º

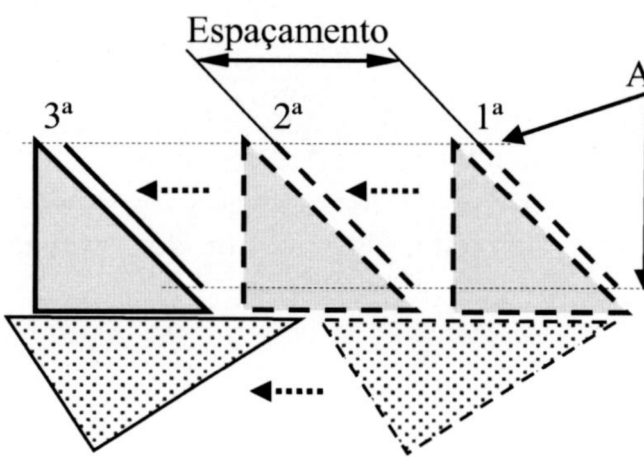

Os dois esquadros se movimentam apenas para a esquerda, para não correrem sobre linhas já traçadas.

Paralelas verticais

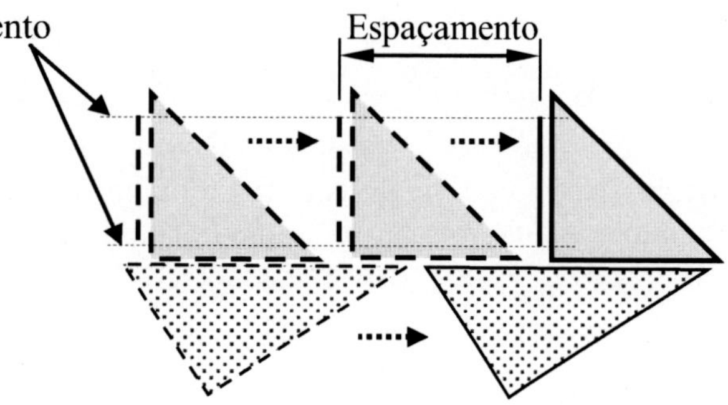

Os dois esquadros se movimentam apenas para a direita, para não correrem sobre linhas já traçadas.

1.8.2 Traçando retas perpendiculares com o par de esquadros

Obviamente retas são perpendiculares a uma reta "r" já traçada, seja horizontal, vertical ou inclinada à direita ou à esquerda. A seguir é mostrada a sequência de uma perpendicular "s" a uma reta horizontal "r".

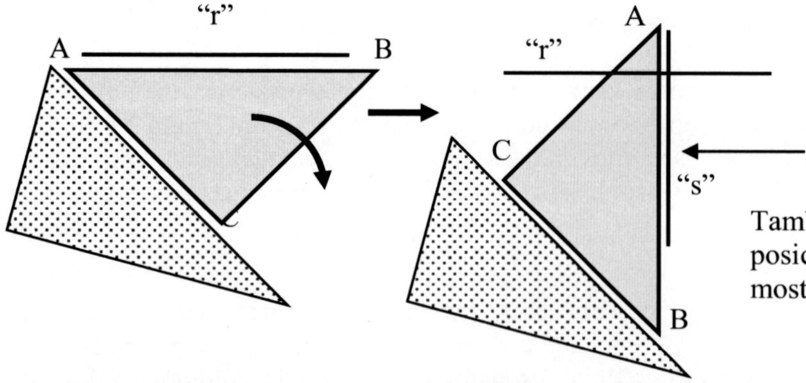

Esta é a reta perpendicular "s".

Também se obtém uma perpendicular, posicionando os esquadros como a seguir mostrado:

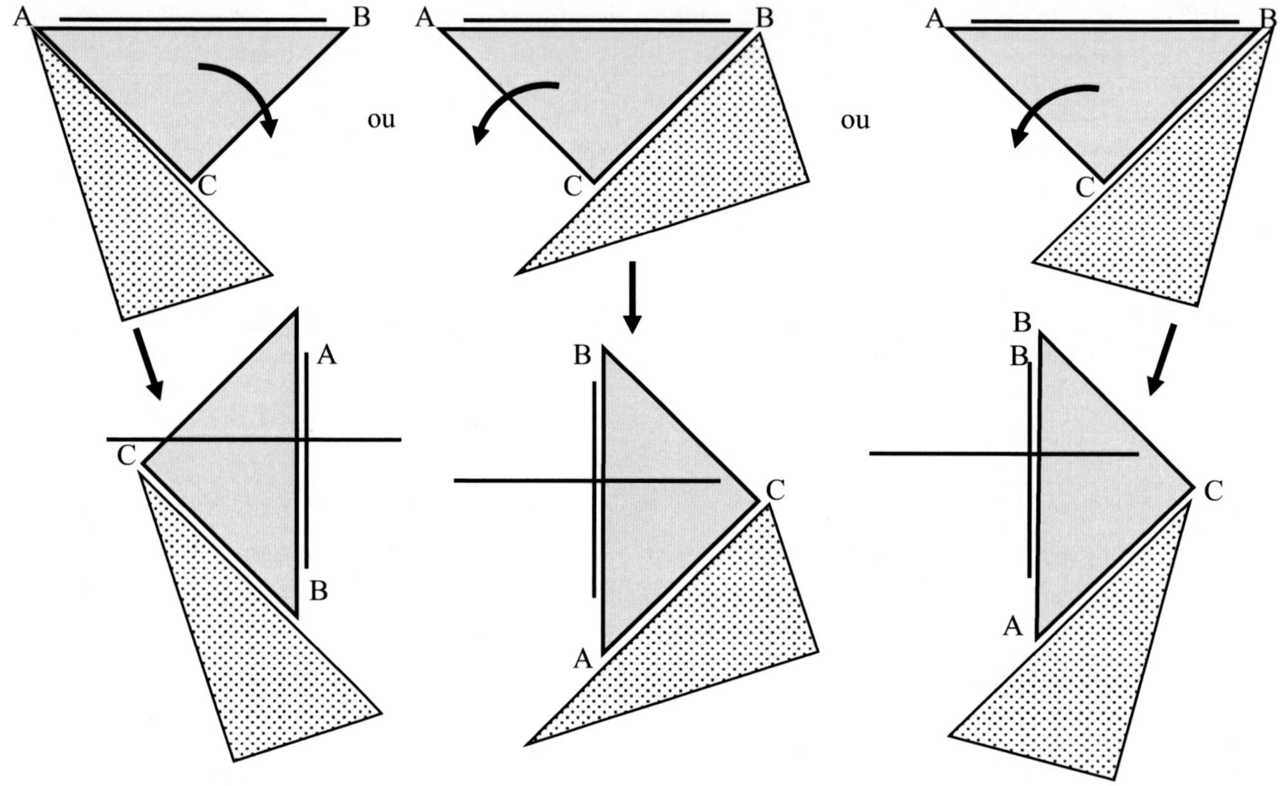

A confirmação de que, realmente se têm perpendiculares, pode ser feita, usando um dos esquadros, posicionando o ângulo reto de 90° como mostrado a seguir:

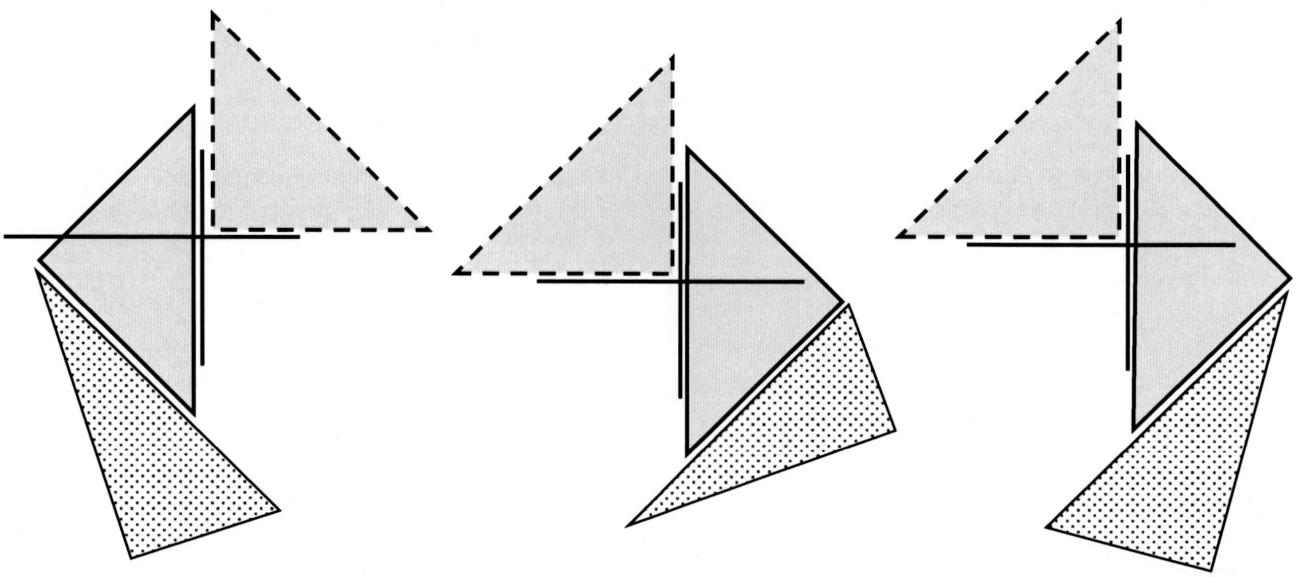

1.9 Exercícios resolvidos

1.9.1) Utilizando o par de esquadros e a régua (ou o escalímetro), trace quatro linhas horizontais paralelas, finas (conhecidas como linhas guias), de comprimento 16 cm, para altura de letras maiúsculas tipo bastão, de 5 mm ou 0,5 cm. Entre uma linha e outra de letras, deixe um espaço vertical de 3 mm. Essas quatro linhas paralelas resultam em duas linhas para a escrita do seguinte texto: OS DESENHOS TÉCNICOS PROJETIVOS TÊM MUITOS DESENHOS GEOMÉTRICOS.

O traçado das paralelas horizontais obedece ao parágrafo 1.8 e o traçado das paralelas com espaço vertical de 3 mm obedece ao parágrafo 1.8.2.

Desenho das linhas:

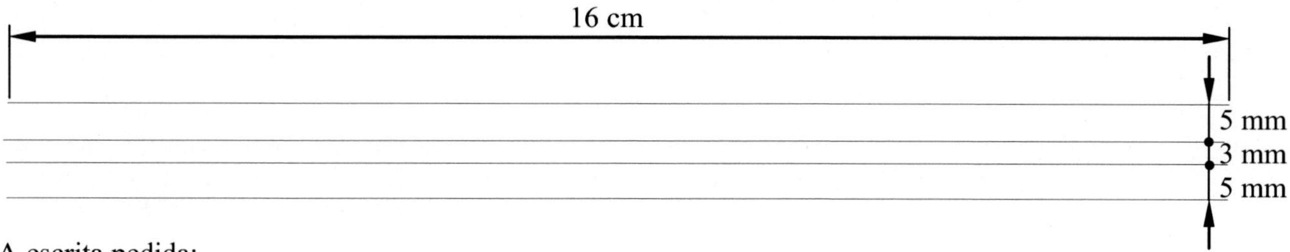

A escrita pedida:

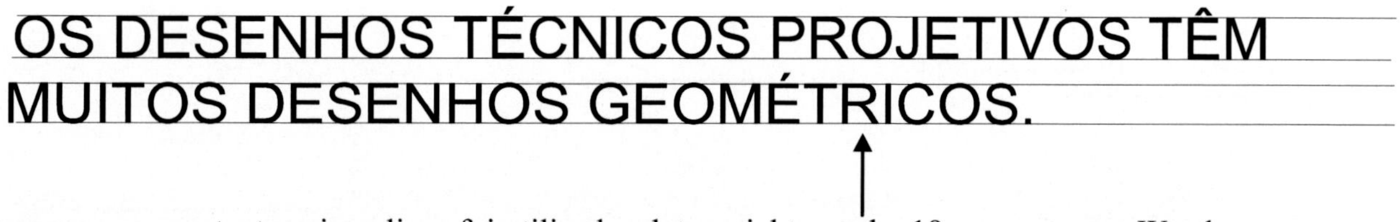

Observa-se que no texto acima, livro foi utilizada a letra arial tamanho 19, no programa Word.

1.9.2) Utilizando o par de esquadros, segundo o parágrafo 1.8 traçar linhas guias com o esquadro de 45° e desenhar: a) ângulo de 30° à direita e para cima; b) ângulo de 60° à esquerda e para baixo e c) ângulo de 45° para baixo e à esquerda.

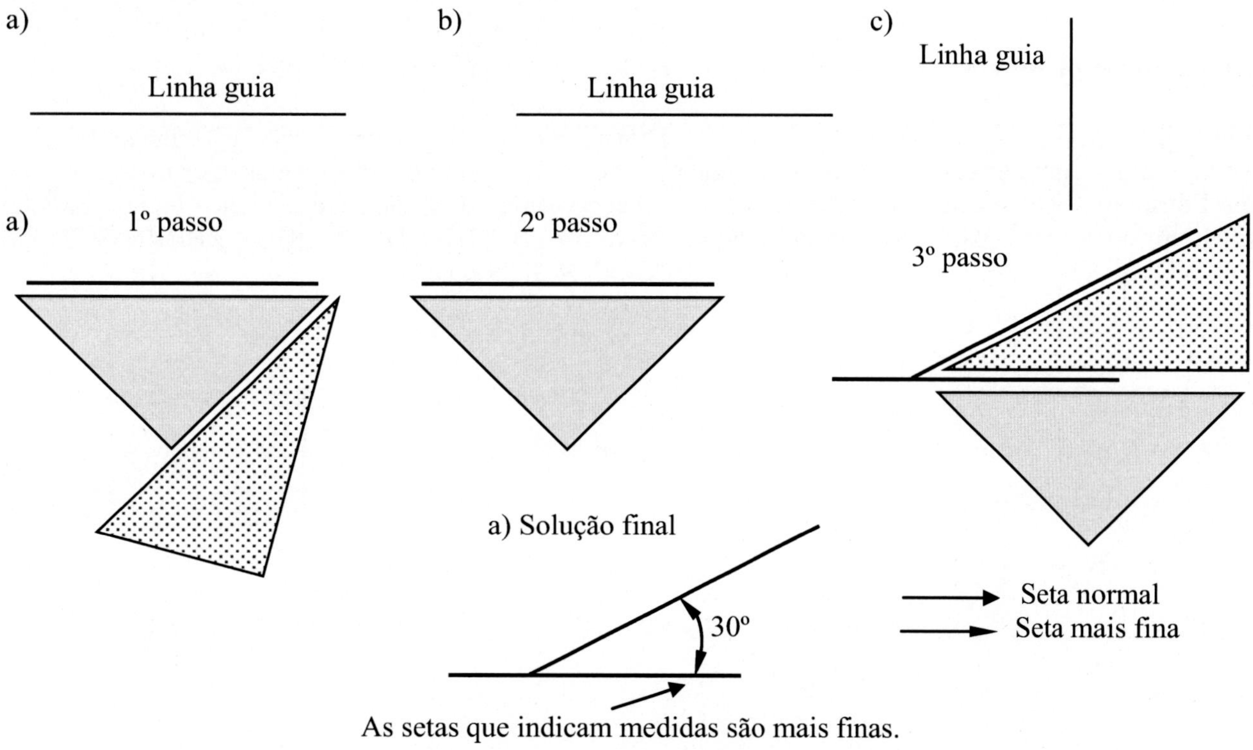

As setas que indicam medidas são mais finas.

b)

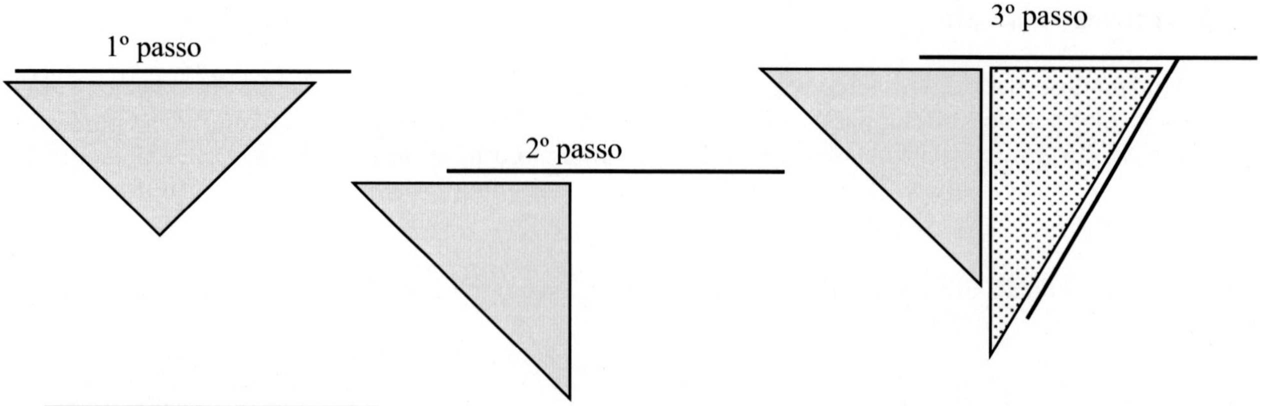

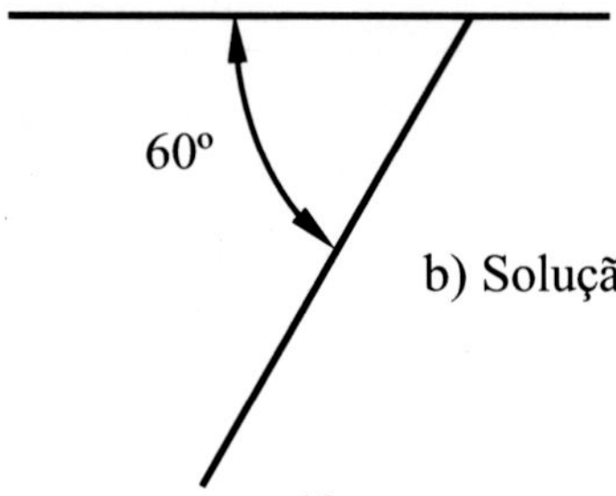

b) Solução final

Observa-se que existem outras posições possíveis, para se chegar ao mesmo resultado. Também é fato que pessoas destras e canhotas possam posicionar os esquadros de formas diferentes, para obter o mesmo resultado.

c)

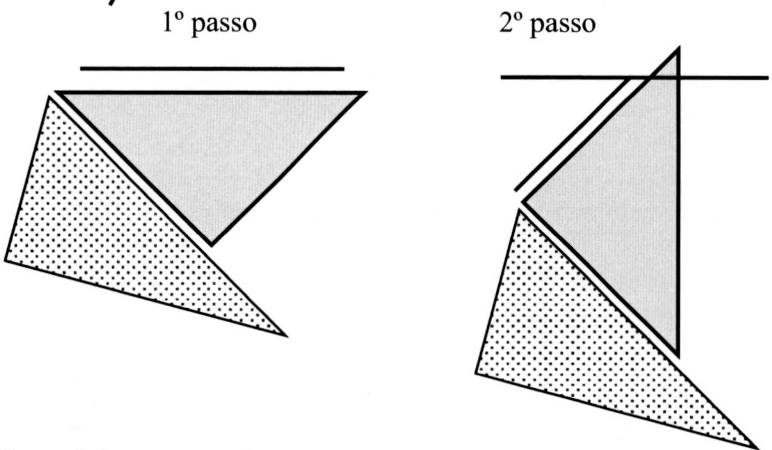

c) Solução final

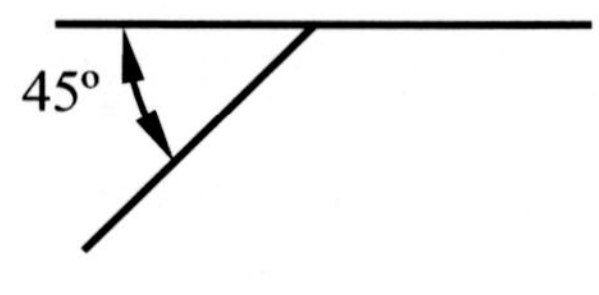

1.10 Exercícios propostos

1.10.1) Utilizando o par de esquadros e a régua (ou o escalímetro), trace quatro linhas horizontais paralelas, finas (conhecidas como linhas guias), de comprimento 16 cm, para altura de letras maiúsculas tipo bastão, de 3 mm. Entre uma linha e outra de letras, deixe um espaço vertical de 2 mm. Essas quatro linhas paralelas resultam em duas linhas para a escrita do seguinte texto: O PROJETO DE PRODUTOS INDUSTRIAIS ENVOLVE A EXECUÇÃO DE VÁRIOS DESENHOS GEOMÉTRICOS.

1.10.2) Considerando as linhas guias a seguir, desenhar ângulos de 30º, 45º e 60º à direita.

a) Linha guia

b)

c)

Capítulo 2

Triângulos e quadriláteros: estudo dos perímetros e áreas

2.1 Triângulos: definição, tipos, propriedades, perímetros e áreas

2.1.1 Definição de triângulo

Triângulo (três ângulos) ou trilátero (três lados) é a região plana interna delimitada pela interseção de três retas, não coincidentes, não paralelas e não perpendiculares entre si. Observe o triângulo ABC, a seguir.
Na prática, em geral, só se desenha a região interna dos triângulos, desta forma:

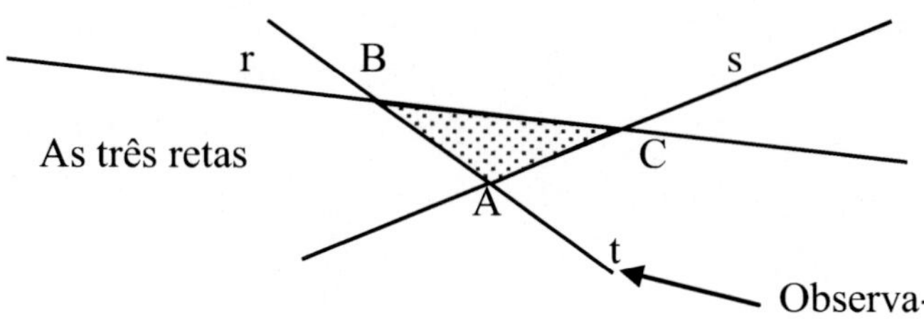

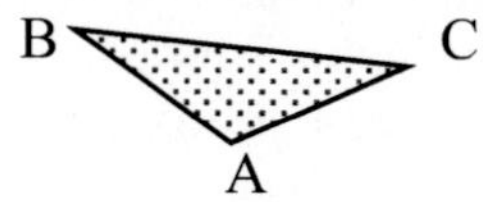

A região plana interna configura um triângulo.

Observa-se que os lados são segmentos de retas infinitas.

As três retas originárias: r, s, t

2.1.2 Classificação dos triângulos

Triângulos são classificados segundo os ângulos e segundo os lados.

Quanto aos ângulos:
- Acutângulo → os três ângulos são agudos (menores que 90º)
- Retângulo → um ângulo é reto (os outros dois são agudos)
- Obtusângulo → um ângulo é obtuso (os outros dois são agudos)

Quanto aos lados:
- Equilátero → os três lados têm a mesma dimensão
- Isósceles → dois lados têm a mesma dimensão
- Escaleno → os três lados têm dimensões diferentes.

Classicamente, os triângulos são representados da seguinte forma:

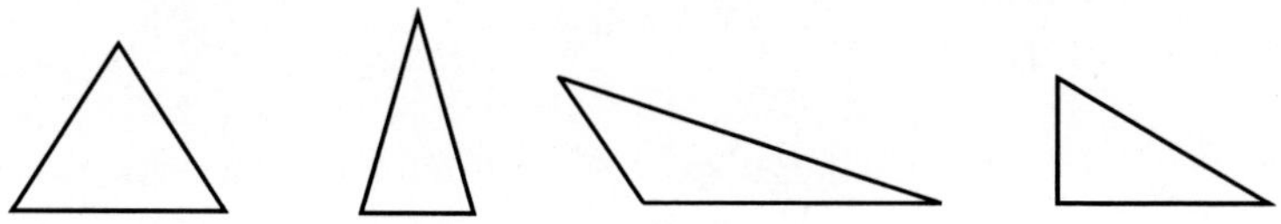

Equilátero Isósceles Escaleno Retângulo

Observa-se, como será visto adiante, que em muitos casos os triângulos se apresentam em outras posições.

2.1.3 Lei angular de Tales: a soma dos três ângulos internos de um triângulo é igual a 180º

Segundo Tales de Mileto (624 - 546 a.C.), a soma dos ângulos internos de um triângulo é igual a 180º. Essa lei pode ser mostrada, usando-se o conceito de ângulos alternos internos.

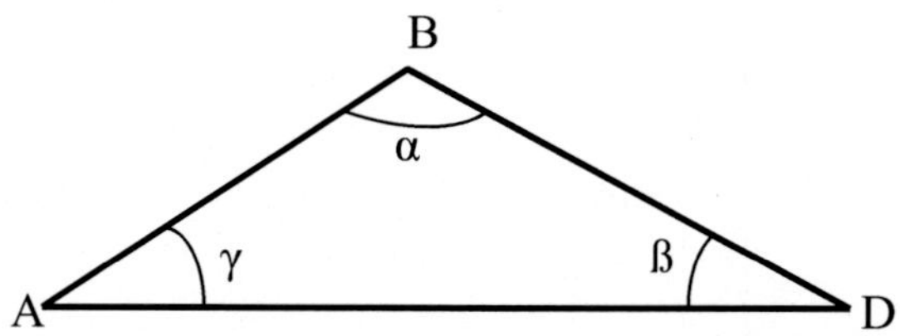

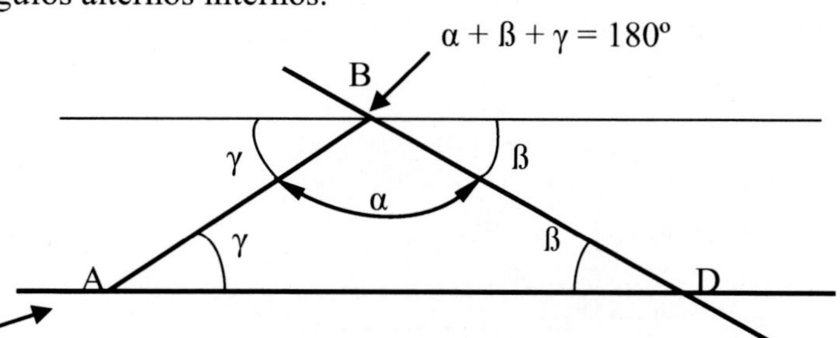

Nessa figura, configuram-se os ângulos alternos internos, confirmando a lei angular de Tales.

Exercício resolvido: determinar os valores dos ângulos do triângulo ABD, a seguir.

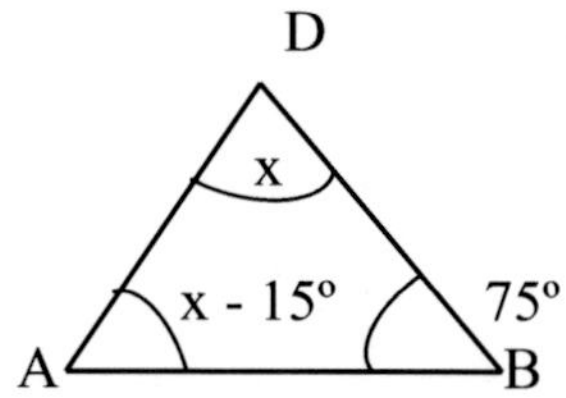

Pela lei angular de Tales: x + (x - 15º) + 75º = 180º, ou seja:

+2x - 15º + 75º = 180º => +2x + 60º = 180º => +2x = 180º - 60º =>
+2x = 120º => x = 120º/2 = 60º.

Conclusão: os ângulos são: $\widehat{A}$ = 45º, $\widehat{B}$ = 75º e $\widehat{D}$ = 60º.

2.1.4 Congruência e semelhança de triângulos

O termo congruência, quando utilizado em Geometria, significa igualdade. Dois triângulos congruentes são dois triângulos iguais, ou seja, com mesmo valor ou medida de lados e ângulos, embora possam estar em posições diferentes. As figuras a seguir mostram quatro triângulos retângulos, cujos lados e ângulos têm as mesmas medidas. Ou seja, são triângulos iguais ou congruentes, porém em posições diferentes.

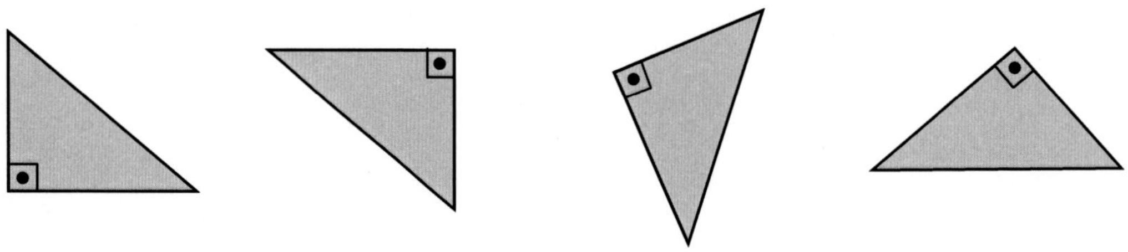

2.1.4.1 Leis de congruência

Dois triângulos são congruentes se, e somente se, as medidas de seus lados e ângulos correspondentes são iguais. Para confirmar a congruência de dois triângulos, apenas três medidas precisam ser verificadas (dois lados e um ângulo ou dois ângulos e um lado). Ou seja, não é necessário confirmar que os três lados e os três ângulos são iguais. São quatro os casos que confirmam a congruência entre dois triângulos.

1º - Se os três lados de um triângulo têm a mesma medida dos três lados (LLL) de outro triângulo então, esses dois triângulos são congruentes.

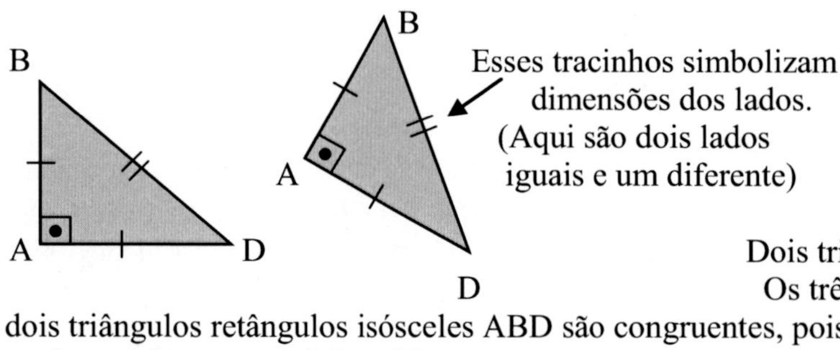

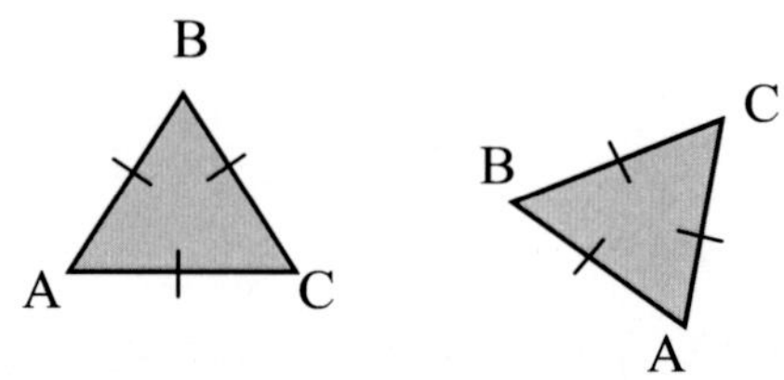

Dois triângulos ABC equiláteros e congruentes.
Os três lados, dos dois triângulos são iguais.

Os dois triângulos retângulos isósceles ABD são congruentes, pois os lados têm dimensões iguais, embora os triângulos estejam em posições diferentes.

2º - Se dois triângulos ABD e JKM possuem um lado (L), um ângulo (A) e o outro lado (L) com medidas iguais, então ABD é congruente a JKL. Observa-se que essa ordem LAL deve ser respeitada. Triângulos que possuem dois lados (LL) e um ângulo (A) com medidas iguais, nem sempre são congruentes, já que o ângulo (A) deve estar entre os dois lados ou simbolicamente LAL.

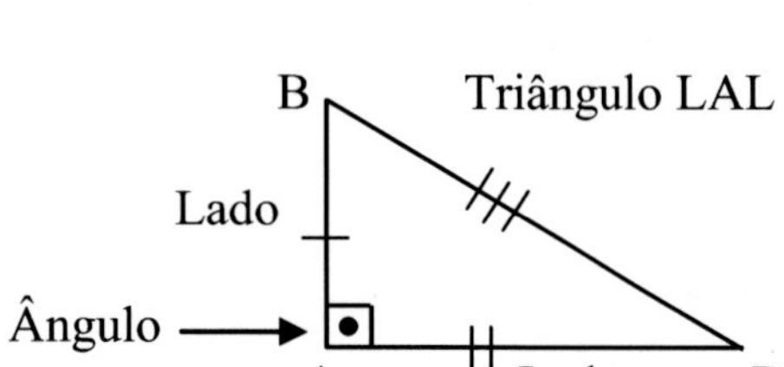

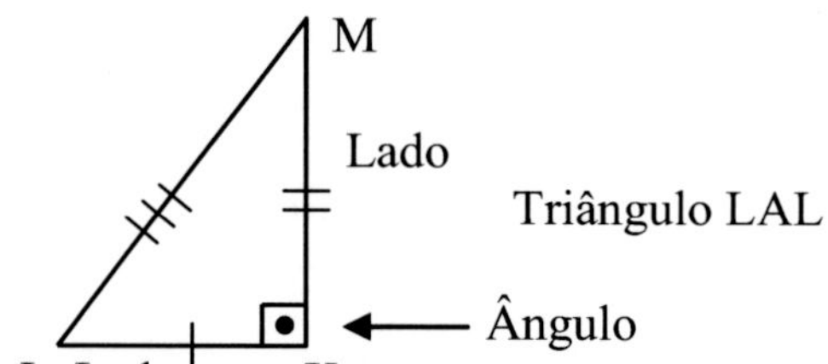

3º - Quando dois triângulos possuem um ângulo (A), um lado (L) e um ângulo (A) com medidas iguais, então os triângulos são congruentes. Observa-se que essa ordem ALA deve ser respeitada, ou seja, o lado tem que estar entre os ângulos.

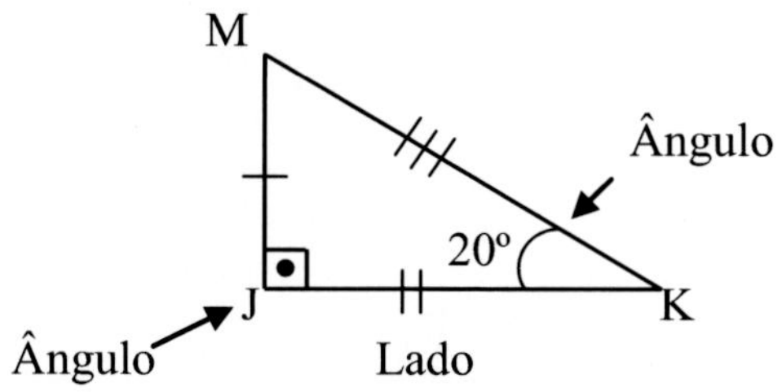

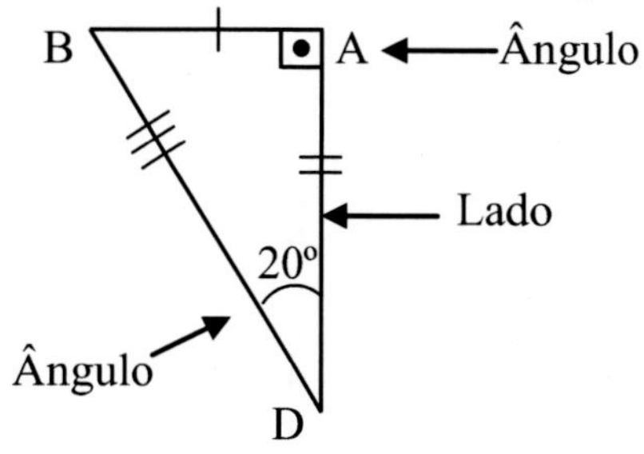

4º - Quando dois triângulos possuem um lado (L), um ângulo adjacente (A) a esse lado e um ângulo oposto (Ao) ao adjacente ao lado, então esses dois triângulos são congruentes. Observa-se que, essa ordem deve ser respeitada, pois, caso o segundo ângulo analisado, não for oposto ao considerado, não se pode afirmar que existe congruência, devendo ser feita uma análise mais detalhada.

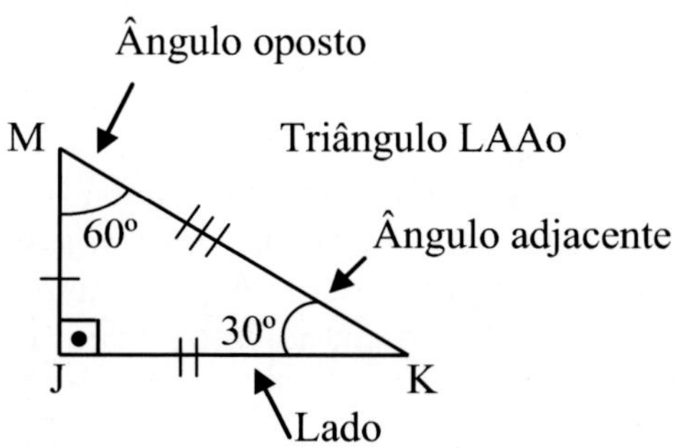

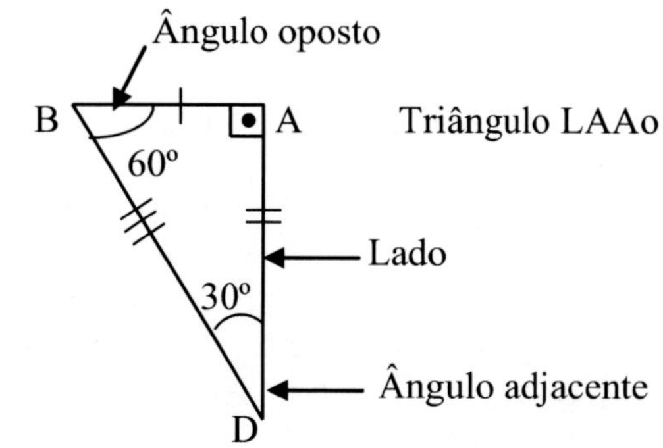

2.1.4.2 Semelhança

Dois triângulos, são semelhantes quando existe proporcionalidade entre seus lados e seus ângulos correspondentes são todos iguais. Proporcionalidade significa que, se dividirmos a medida de um lado da primeira figura pelo valor de um lado da segunda figura e o resultado for, por exemplo, o número dois, então todas as divisões entre medidas de lados da primeira figura por medidas dos lados da segunda figura terão 2 como resultado. Vejam-se os exemplos a seguir.

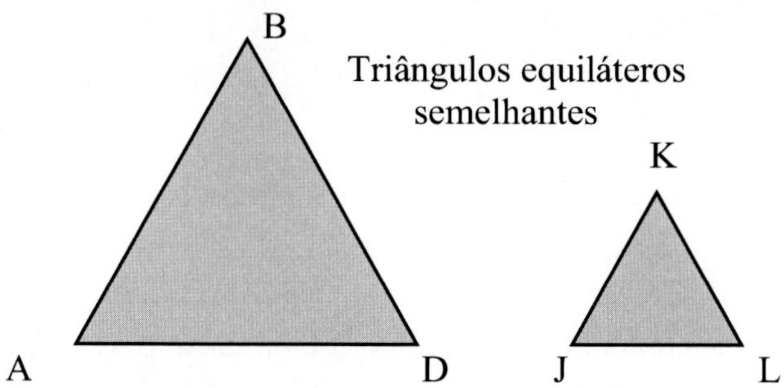

Triângulos retângulos semelhantes

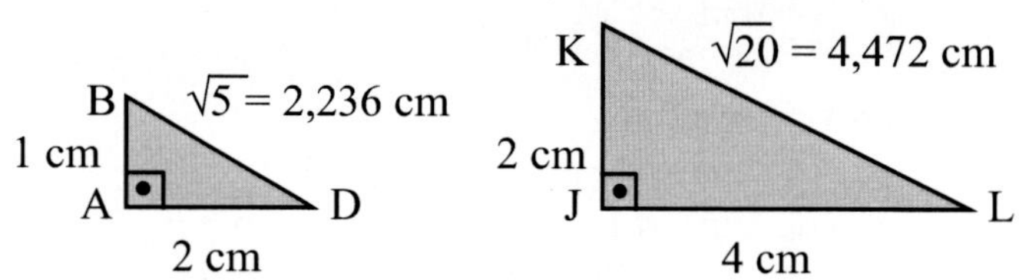

Esses dois triângulos retângulos semelhantes também têm razão de semelhança igual a dois

A semelhança entre triângulos também pode ser verificada, com as seguintes análises:

1ª – Dois triângulos são semelhantes se têm dois ângulos correspondentes iguais. Por óbvio, o terceiro ângulo é igual, já que a soma dos três é igual a 180º.

2ª – Se dois triângulos têm os três lados proporcionais (ou seja, na mesma razão), então são semelhantes, não precisando verificar os ângulos.

3ª – Dois triângulos que possuem dois lados proporcionais e o ângulo entre eles é congruente (igual), então esses triângulos são semelhantes.

Dois triângulos também podem ser semelhantes, mesmo estando em posições diferentes: ⇨

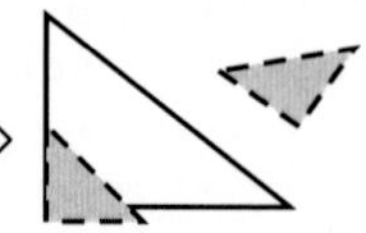

Exercício resolvido: sabendo que os triângulos a seguir são semelhantes (pois têm os mesmos valores dos ângulos), determinar o valor do lado DE.

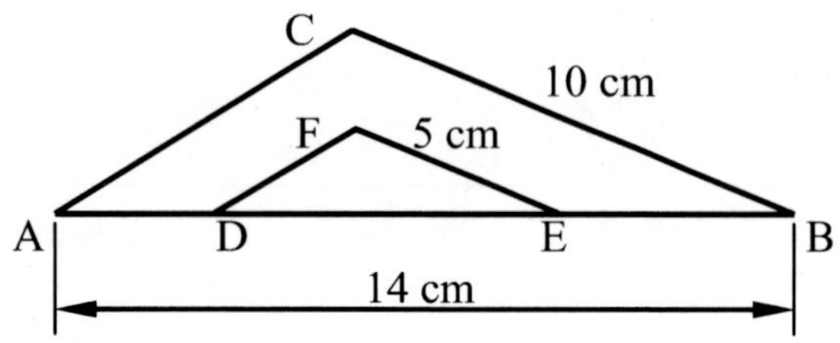

$\frac{BC}{EF} = \frac{10\ cm}{5\ cm} = 2$ ← Essa é a razão de semelhança.

Portanto: $\frac{AB}{DE} = 2 \Rightarrow DE = \frac{AB}{2} = \frac{14\ cm}{2} = 7$ cm.

A determinação exata dos valores dos três ângulos e lados destes triângulos, é feita por análises trigonométricas, estudadas no volume 4, desta coleção de livros "Desenho Geométrico e Geometria".

Conclusão: o lado DE mede 7 cm.

2.1.5 Perímetros e áreas de triângulos

O **perímetro** de um triângulo, bem como de quadriláteros e qualquer tipo de polígono regular ou irregular, é igual a soma das medidas dos seus lados. Observa-se que o perímetro depende apenas das medidas dos lados, independente da posição no plano ou do tipo de triângulo. Por exemplo, o perímetro do famoso triângulo pitagórico, ou seja, aquele com lados: AB = 3 cm no cateto menor, BC = 4 cm no cateto maior e AC = 5cm na hipotenusa, sempre será igual a 12 cm.

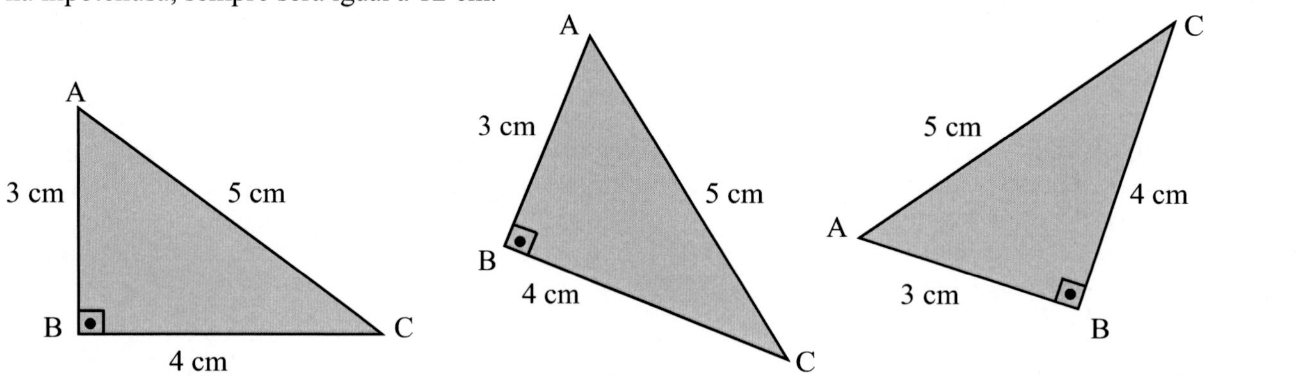

Área de triângulos

No 8º ano do Ensino Fundamental, quando perguntado como se calcula a área de um triângulo, é "normal" o aluno responder que: "a área de um triângulo é igual ao produto da sua base pela altura".
O melhor é responder da seguinte forma: "a área de um triângulo é igual ao produto da medida de um lado, pela altura em relação ao lado considerado, ou seja, do lado considerado como base". Qual a razão disso?
Já foi visto que, assim como todo triângulo tem três lados e três ângulos, todo triângulo tem três alturas, em função do lado considerado como "base". Observando-se o triângulo a seguir pergunta-se: qual é a sua base?

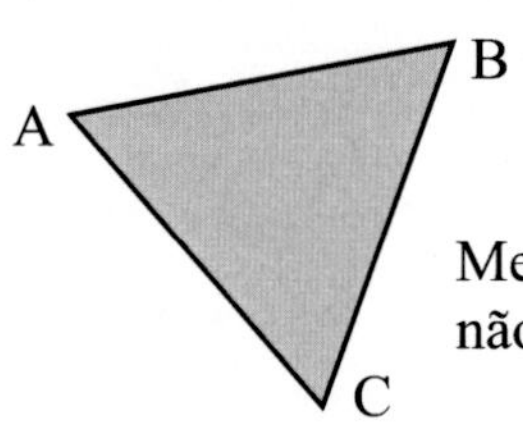

Meu Deus: este triângulo não tem "base"! E agora?

Diante desta "pegadinha", é importante descrever a definição do que seja altura de um triângulo, já que todo triângulo tem três alturas.
Em um triângulo, de qualquer tipo, altura é a distância entre um lado e o vértice oposto. Ou seja, usa o conceito da distância entre um ponto e um segmento de reta.

Lembra-se que, para determinar a distância entre um ponto e um segmento de reta, traça-se uma perpendicular ao segmento passando pelo ponto. A distância é a medida sobre a perpendicular, entre o ponto considerado e o outro ponto, onde a perpendicular intercepta o segmento de reta. Confirma-se que todo triângulo tem três lados e três vértices, logo, todo triângulo, de qualquer tipo e em qualquer posição, tem três alturas.

Exercício resolvido: dado o triângulo acutângulo ABC a seguir, determine graficamente os valores de suas alturas.

Altura em relação ao lado AB: Altura em relação ao lado AC: Altura em relação ao lado BC:

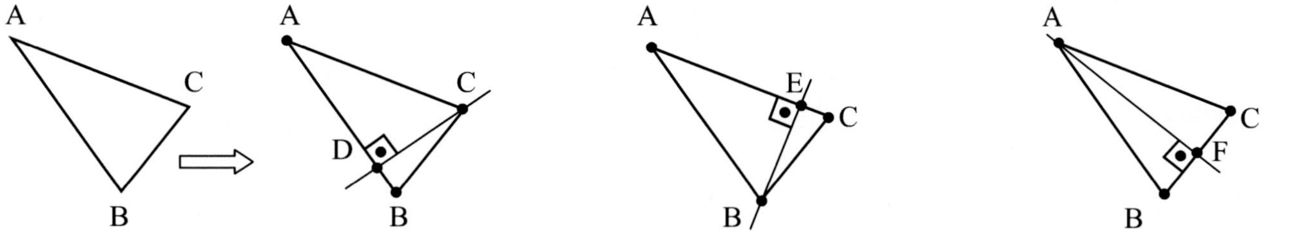

Raciocínio lógico geométrico espacial:

Altura em relação ao lado AB: usando o par de esquadros, traço uma perpendicular ao lado AB, passando pelo seu vértice oposto, ou seja, ponto C. O segmento CD é a altura em relação ao lado AB.

Altura em relação ao lado AC: usando o par de esquadros, traço uma perpendicular ao lado AC, passando pelo seu vértice oposto, ou seja, ponto B. O segmento BE é a altura em relação ao lado AC.

Altura em relação ao lado BC: usando o par de esquadros, traço uma perpendicular ao lado BC, passando pelo seu vértice oposto, ou seja, ponto A. O segmento AF é a altura em relação ao lado BC.

Como será mostrado a seguir, dependendo do tipo de triângulo, em especial nos obtusângulos, a determinação da altura, exige o prolongamento do(s) lado(s), retornando-se à definição de triângulo, como já visto: "triângulo (três ângulos) ou trilátero (três lados) é a região plana interna delimitada pela interseção de três retas, não coincidentes, não paralelas e não perpendiculares entre si".

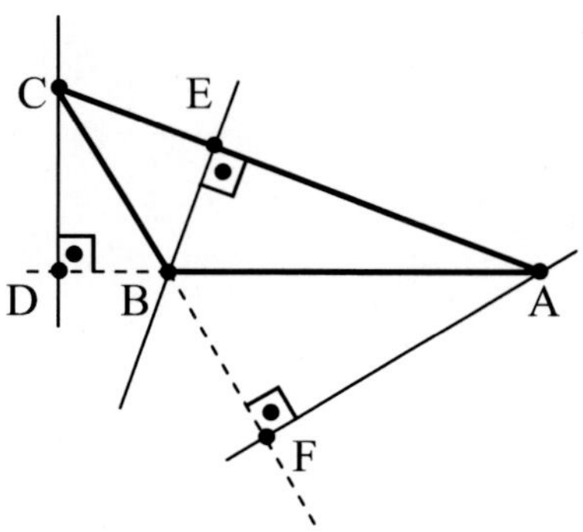

Nesse triângulo obtusângulo, os lados AB e BC, tiveram que ser prolongados, para que se determine as suas alturas relativas.

CD é a altura em relação ao lado AB.
BE é a altura em relação ao lado AC.
AF é a altura em relação ao lado BC.

O valor exato das alturas CD, BE e AF, é calculado a partir de análises trigonométricas, abordadas no volume 4 dessa coleção.

Exercício resolvido: determinar a área do triângulo ABC a seguir.

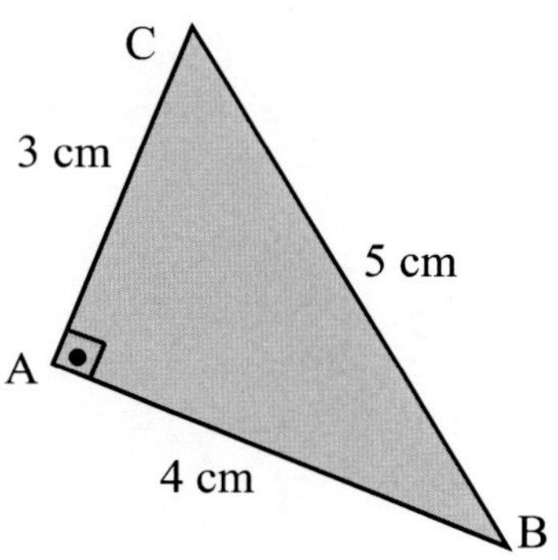

Como o triângulo é retângulo, os catetos AB e AC, são as medidas das alturas em relação aos lados AC e AB, respectivamente. Ou seja: AC é a altura em relação ao cateto AB e AB é a altura em relação ao lado AC.

A área do triângulo é: $\frac{(AB)x(AC)}{2} = \frac{(4\ cm)x(3\ cm)}{2} = 6\ cm^2$.

Calculando como: $\frac{(AC)x(AB)}{2} = \frac{(3\ cm)x(4\ cm)}{2} = 6\ cm^2$.

Caso se determine o valor exato da altura em relação ao lado BC, também se encontrará o valor de 6 cm^2.

Curiosidade algébrica geométrica: sabendo que a área, usando a altura em relação ao lado BC, é também igual a 6 cm^2, pode-se fazer o seguinte raciocínio lógico algébrico:

$$\frac{(BC)x(\text{sua altura})}{2} = 6\ cm^2 \Rightarrow \frac{(5\ cm)x(\text{sua altura})}{2} = 6\ cm^2 \Rightarrow (\text{sua altura}) = \frac{(2)x(6\ \cancel{cm^2})}{(5\ \cancel{cm})} = *\frac{12\ cm}{5} = 2{,}4\ cm.$$

Centímetro quadrado dividido por centímetro é igual a centímetro: $\frac{12\ cm^2}{5\ cm} = 2{,}4$ cm.

Ou seja, a altura do triângulo em relação ao lado BC é igual a 2,4 cm. De fato: $\frac{(2{,}4\ cm)x(5\ cm)}{2} = 6\ cm^2$.

Exercício resolvido: determinar a área do triângulo equilátero ABC, a seguir, cujo lado mede 4 cm.

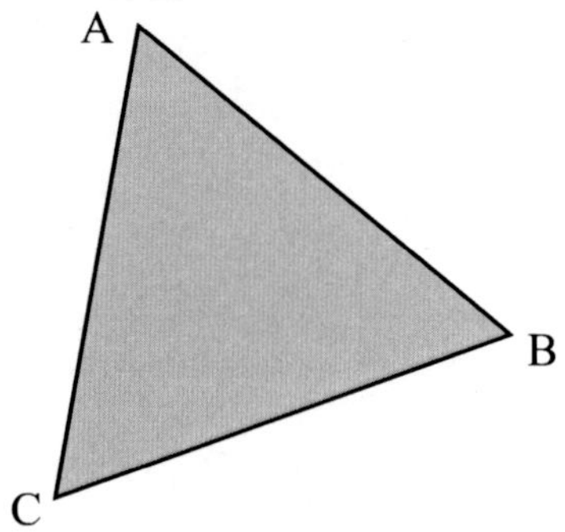

Raciocínio lógico geométrico:

Ao traçar, por exemplo, a altura em relação ao lado BC, usando o par de esquadros, o triângulo equilátero, se divide em dois triângulos retângulos, permitindo que, por meio do teorema de Pitágoras se consiga determinar a medida exata da altura e, portanto, o valor da área do triângulo equilátero.

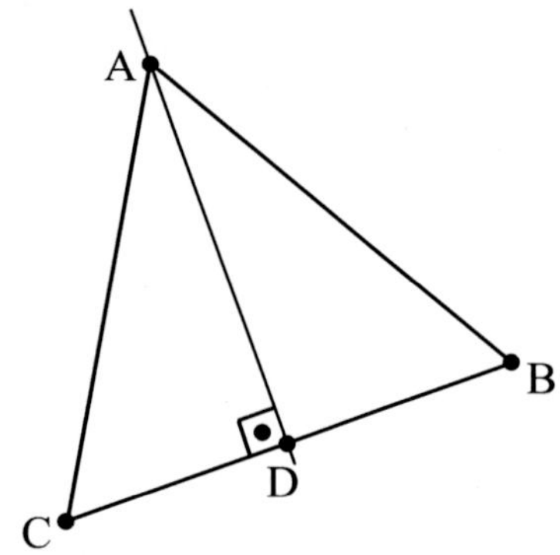

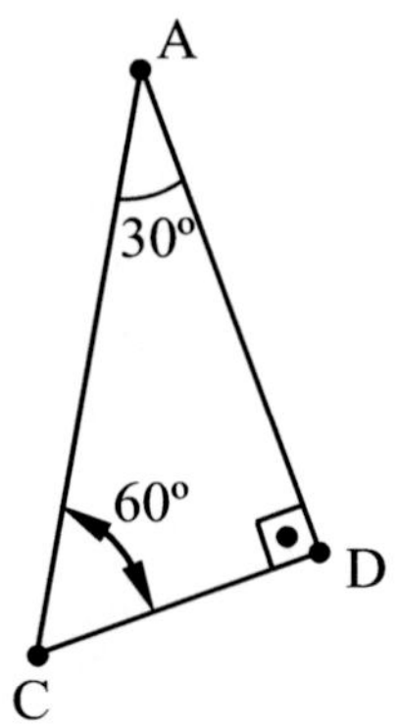

Análise do triângulo ACD:

O lado CD vale 2 cm e o cateto AD é a bissetriz do ângulo de 60º. No caso de triângulos equiláteros, as três alturas têm a mesma medida.

Por Pitágoras: $AC^2 = AD^2 + CD^2 \Rightarrow$

$AD^2 = AC^2 - CD^2 \Rightarrow AD = \sqrt{AC^2 - CD^2}$:

$AD = \sqrt{4^2 - 2^2} = \sqrt{16 - 4} \Rightarrow$

$AD = \sqrt{12} = 3{,}464$ cm.

Ou seja: a altura do triângulo é 3,464 cm.

Área do triângulo equilátero = $\frac{(BC)x(AD)}{2} = \frac{(4\ cm)x(3{,}464\ cm)}{2} = 6{,}928$ cm.

Exercício resolvido: usando o par de esquadros, desenhe um triângulo retângulo ABC, com ângulos de 30º e 60º e cateto AC = 3 cm e cateto AB = 5,196 cm. Qual o valor da hipotenusa BC? Considerando o lado AC = 3 cm, trace um triângulo equilátero ACD, determinando o valor de sua área. Qual o tipo e os valores dos lados do triângulo ABD?

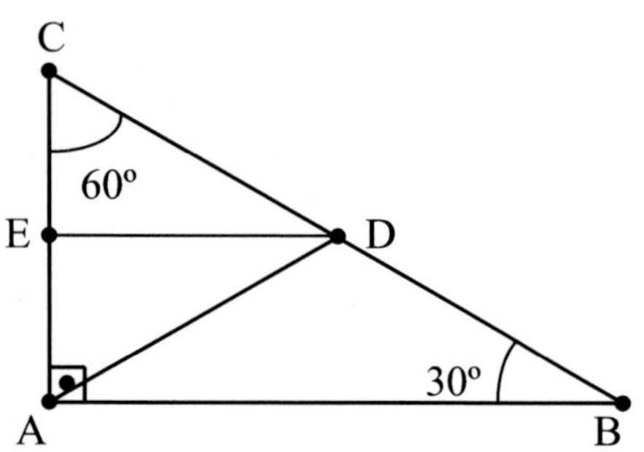

Raciocínio lógico espacial geométrico:

Inicialmente faz-se um rascunho a mão livre, como à esquerda, para se entender o que é pedido. Neste caso, tem-se que calcular a altura DE do triângulo ACD e depois analisar o triângulo ABD.

O desenho do triângulo ABC, usando o par de esquadros, pode ser feito traçando-se duas perpendiculares, a partir do vértice A, depois marcam-se os valores dos lados AB e AC. Finalmente, traça-se o lado BC, que é a hipotenusa. Após o triângulo desenhado, verifica-se com o esquadro 30º x 60º, o valor dos ângulos.

O traçado de retas perpendiculares, com o par de esquadros, foi detalhado no parágrafo 1.8.2, sendo a seguir mostrados as posições e movimentos dos esquadros.

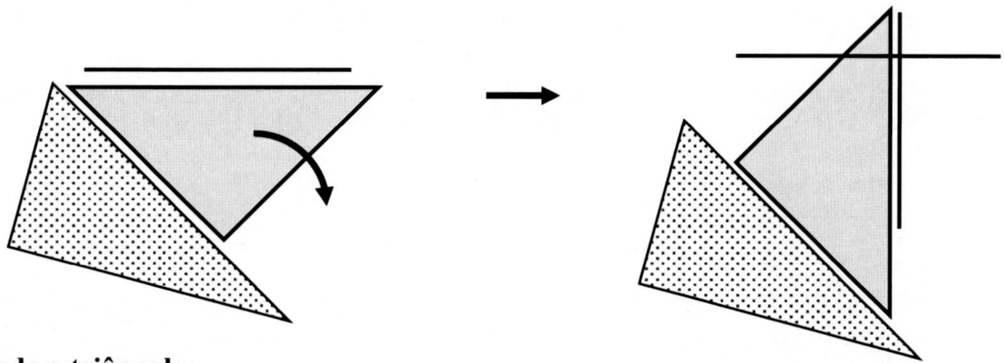

Desenhando o triângulo:

1º Passo: traço lado AB = 5,196 cm. 2º Passo: traço lado AC = 3 cm. 3º Passo: traço lado BC*.

4º Passo: com o esquadro 30º x 60º verifico os ângulos:

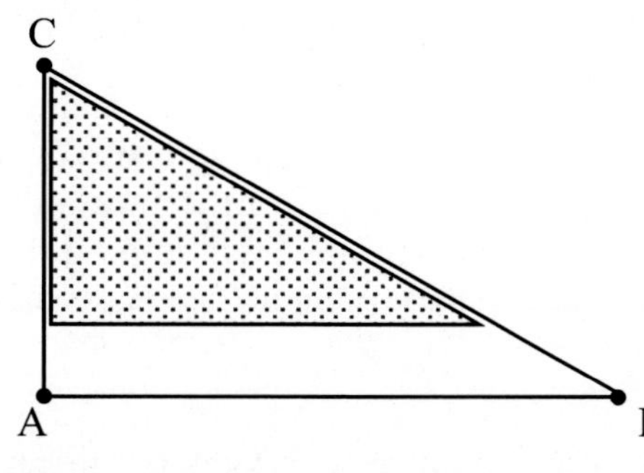

Está correto.

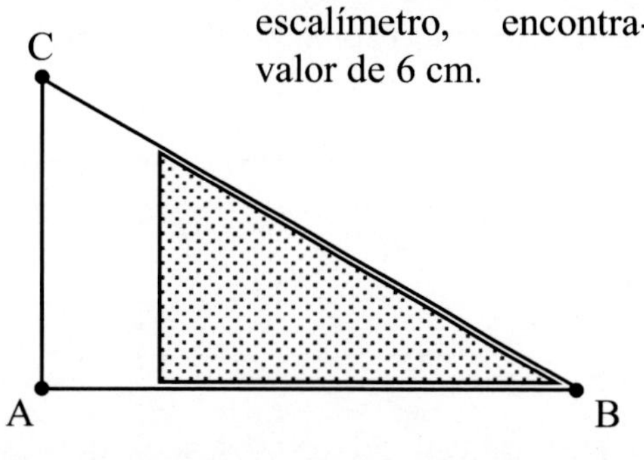

*Medindo BC com o escalímetro, encontra-se o valor de 6 cm.

Cálculo da hipotenusa BC: $BC^2 = AB^2 + AC^2 \Rightarrow BC = \sqrt{AB^2 + AC^2} \Rightarrow BC = \sqrt{5{,}196^2 + 3^2} = \sqrt{36} = 6$ cm.

A hipotenusa BC mede 6 cm. (Confirma-se o valor medido com o escalímetro).

Análise da área do triângulo equilátero ACD:

AC = AD = CD = 3 cm.
DE é a altura em relação ao lado AC. AE = CE = 1,5 cm.

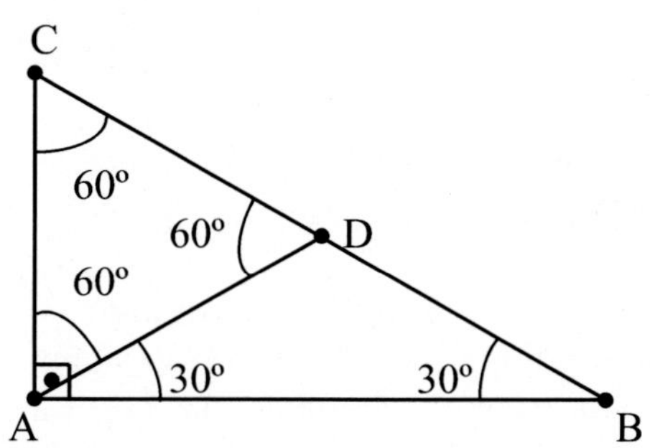

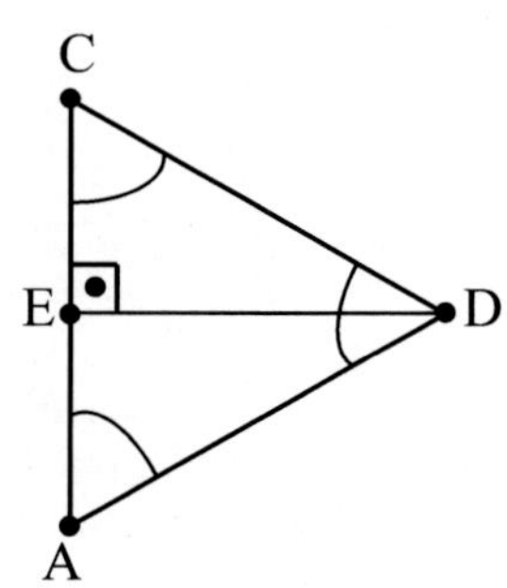

Por Pitágoras: $CD^2 = CE^2 + DE^2 \Rightarrow$

$DE = \sqrt{CD^2 - CE^2} \Rightarrow DE = \sqrt{9 - 2{,}25}$:

$DE = \sqrt{6{,}75} = 2{,}598$ cm.

Área S do triângulo ACD:

$$S = \frac{(AC)x(DE)}{2} = \frac{(3\text{ cm})x(2{,}598\text{ cm})}{2} \Rightarrow$$

Área do triângulo = 3,897 cm².

Análise do triângulo ABD:

Como os ângulos do lado AB valem 30º cada, o ângulo do vértice D é igual a 120º, pois segundo a lei angular de Tales, a soma dos ângulos internos de um triângulo é igual a 180º.

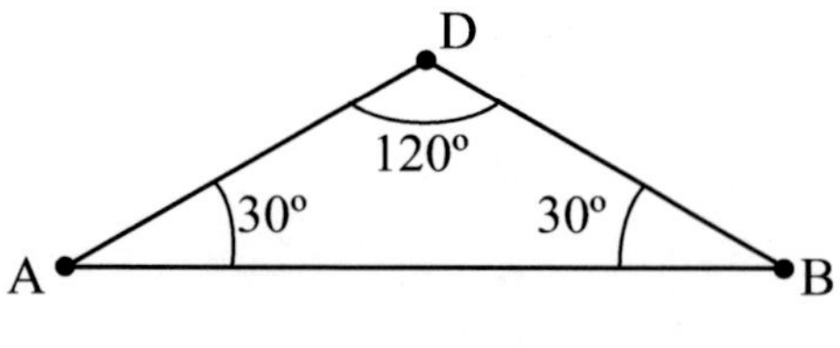

Este triângulo é isósceles obtusângulo, com lados:
AB = 5,196 cm, AD = BD = 3 cm.

2.2 Os quadriláteros

Quadriláteros são polígonos de quatro lados, podendo ser regulares ou irregulares. Regulares são os que têm os quatro lados e ou ângulos iguais. Ou seja, apenas o quadrado é um quadrilátero regular. Os irregulares, os demais adiante descritos, têm ângulos e ou lados não iguais.
Observa-se que, a soma dos ângulos internos de um quadrilátero é igual a 360º, uma vez que qualquer quadrilátero pode ser dividido em dois triângulos, como mostrado a seguir.

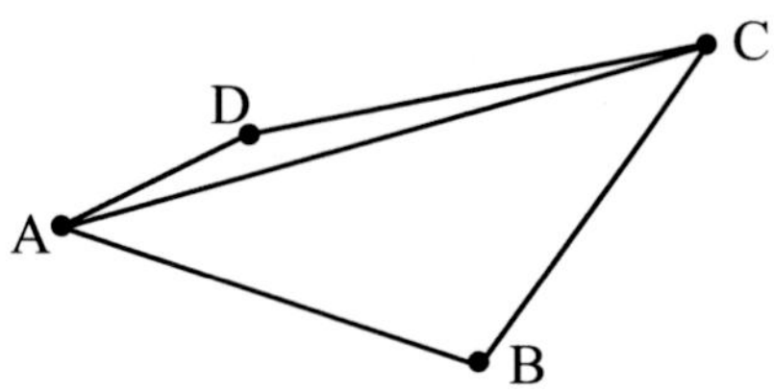

O quadrilátero irregular ABCD pode ser dividido em dois triângulos: ABC e ACD. Como, segundo a lei angular de Tales, a soma dos ângulos internos de um triângulo é igual a 180º, a soma dos ângulos dos dois triângulos é igual a 360º.

Outra comprovação que se pode fazer, a partir de quadriláteros, em especial do retângulo, é quanto à área de um triângulo ser igual ao "produto da medida de um lado, pela altura em relação ao lado considerado, ou seja, do lado considerado como base". Vejamos:

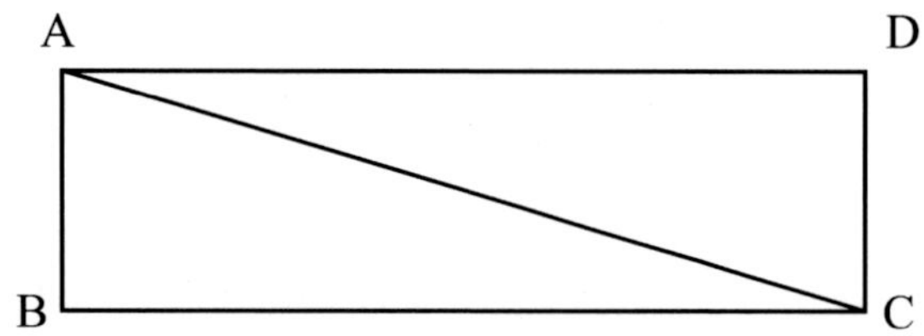

O retângulo ABCD, é dividido em dois triângulos: ABC e ACD, ao traçar uma das diagonais. Os dois triângulos são iguais, ou seja, têm a mesma área. Como a área de um retângulo é igual ao produto dos seus lados, a área de cada triângulo é igual à metade da área do retângulo.

Os quadriláteros podem ser classificados de acordo com a posição relativa entre seus lados. Aqueles que possuem lados opostos paralelos (dois a dois) são chamados de paralelogramos. Os quadriláteros que possuem um par de lados opostos paralelos e os outros dois não paralelos são chamados de trapézios.

Paralelogramos
- Geral → Lados e ângulos iguais dois a dois.
- Quadrado → Quatro lados e quatro ângulos iguais a 90º.
- Retângulo → Lados iguais, dois a dois e quatro ângulos iguais a 90º.
- Losango → Quatro lados iguais e ângulos iguais dois a dois.

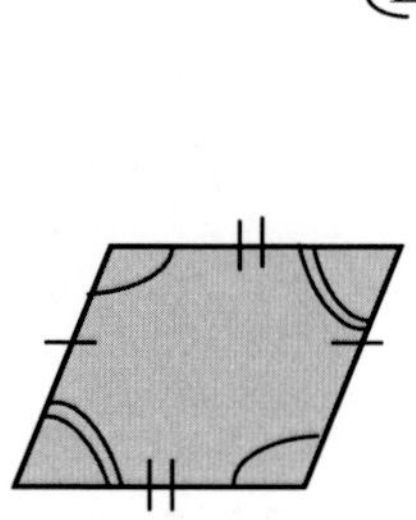

Paralelogramo geral
lados e ângulos
iguais dois a dois

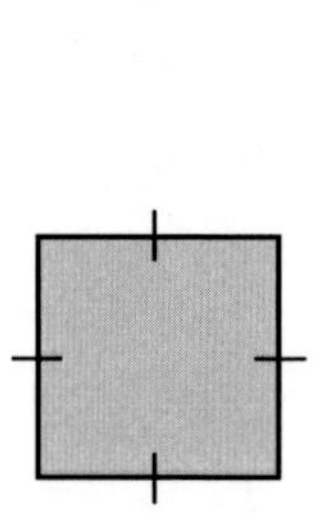

Quadrado: lados iguais e
quatro ângulos iguais
de 90º

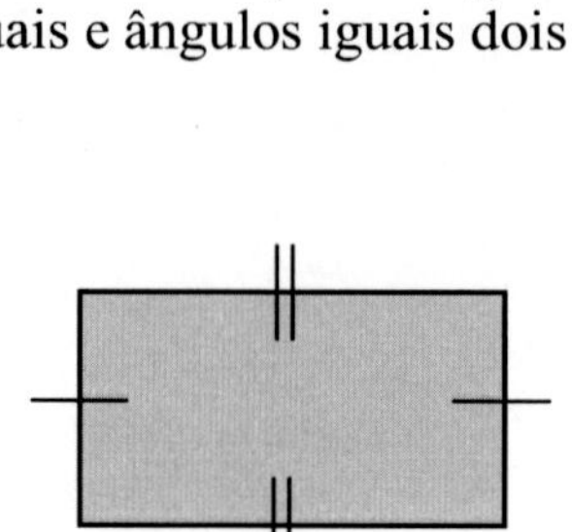

Retângulo
lados iguais, dois a dois
quatro ângulos iguais de 90º

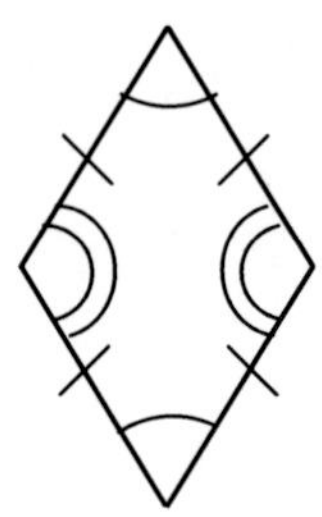

Losango
Quatro lados iguais
ângulos iguais dois a dois

Observa-se que pode ocorrer um quadrado em posição girada de 90º (ou outro ângulo).

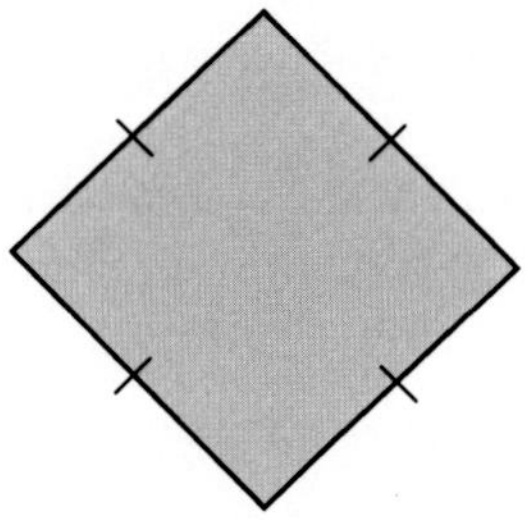

Esse é um quadrado, que foi girado de 90º. Não é um losango. Os quatro lados e os quatro ângulos são iguais, diferentemente do losango.

Trapézios:
- Retângulo → Possuí dois ângulos retos (90º)
- Isósceles → Ou trapézio simétrico. Tem dois lados iguais e dois diferentes.
- Escaleno → Os quatro lados têm medidas diferentes (Por óbvio, quatro ângulos diferentes).

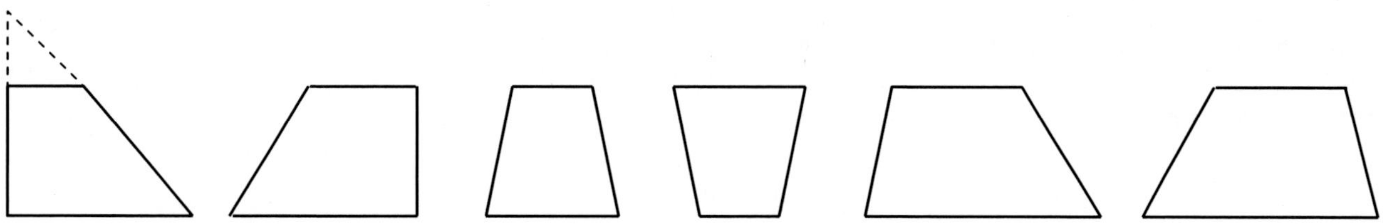

Trapézios retângulos   Trapézios isósceles   Trapézios escalenos

Observa-se que esses trapézios podem ser originados de triângulos: retângulos, isósceles e escalenos, como exemplificado no primeiro trapézio, oriundo de um corte paralelo à base de um triângulo retângulo.

2.2.1 Elementos e propriedades dos quadriláteros

Todo quadrilátero apresenta os seguintes elementos: lados, vértices, ângulos internos, ângulos externos e diagonais. Também têm propriedades e características, a seguir detalhadas.

Elementos

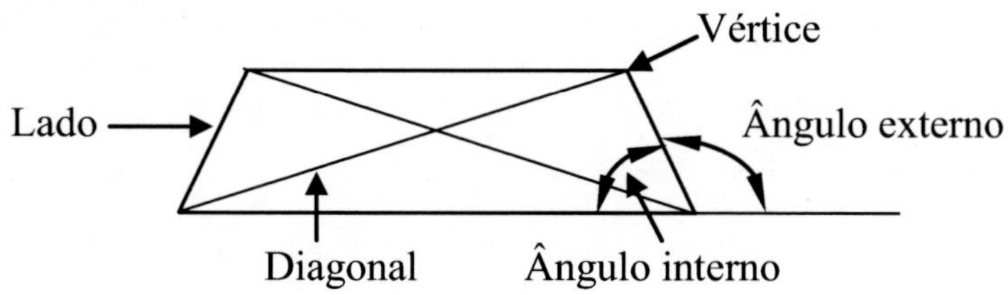

Lados: São os segmentos de reta que contornam o quadrilátero.

Vértices: São os pontos de encontro entre dois lados.

Ângulos internos: São os ângulos determinados por dois lados consecutivos de um quadrilátero.

Ângulos externos: são ângulos formados pelo prolongamento de um lado de um polígono. Um ângulo externo sempre é suplementar ao ângulo interno adjacente a ele. Ou seja, a soma dos ângulos interno e externo é igual a 180º.

Diagonais: São os segmentos de reta cujas extremidades são dois vértices não consecutivos de um polígono.

Propriedades

1ª A soma dos ângulos internos de um quadrilátero é igual a 360º.

2ª As diagonais de um retângulo e de um quadrado são congruentes. Ou seja, têm o mesmo comprimento. As diagonais de um quadrado são perpendiculares, interceptam-se no ponto médio e são bissetrizes dos ângulos dos vértices. As diagonais de um retângulo interceptam-se no ponto médio.

3ª As diagonais de um losango são perpendiculares e de comprimento diferentes. Num losango, as diagonais estão sobre as bissetrizes dos ângulos.

4ª O cruzamento das diagonais de um quadrilátero originam ângulos opostos pelo vértice, ou seja, iguais dois a dois.

5ª Em todo paralelogramo (quadrado, retângulo e losango) os lados opostos são iguais.

6ª Em todo paralelogramo, os ângulos opostos são iguais.

Exercícios resolvidos

A) No paralelogramo a seguir, determinar os ângulos ß.

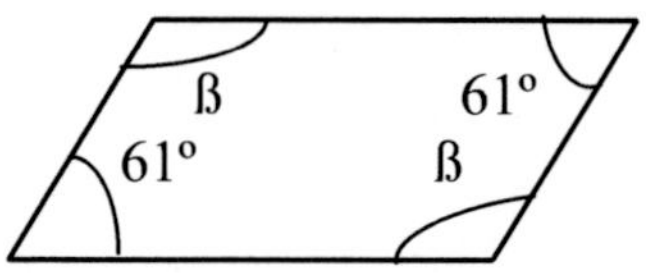

Como a soma dos ângulos internos de um quadrilátero é igual a 360º:

$ß = \frac{360^o - (61^o + 61^o)}{2} \Rightarrow ß = 119^o$. (Em todo paralelogramo, os ângulos opostos são iguais)

Conclusão: ß = 119º.

B) Determinar o valor das diagonais do retângulo a seguir.

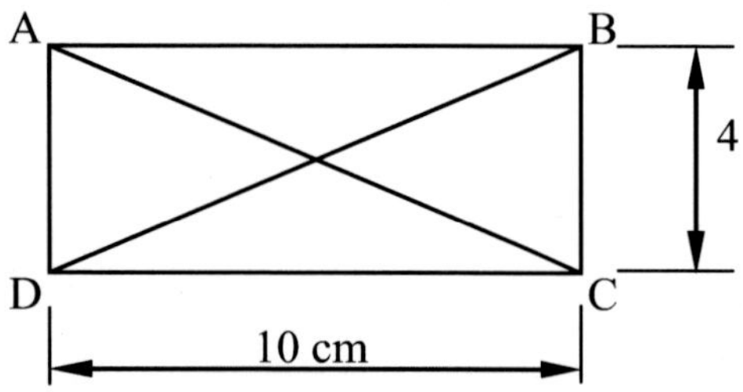

As duas diagonais AC e BD são iguais.

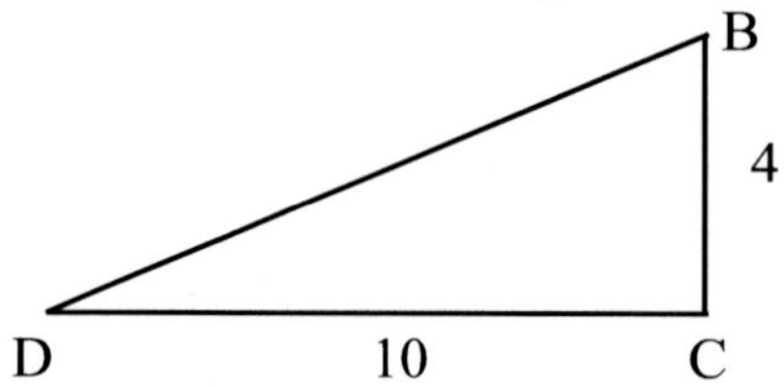

$BD^2 = BC^2 + CD^2$.
$BD = \sqrt{100 + 16}$.
$BD = 10,77$.

Conclusão: as diagonais são iguais e valem 10,77 cm.

C) Na figura a seguir o quadrado ABCD tem lado igual a 2 cm e o triângulo ACE é equilátero. Com esses dados, calcular a distância BE.

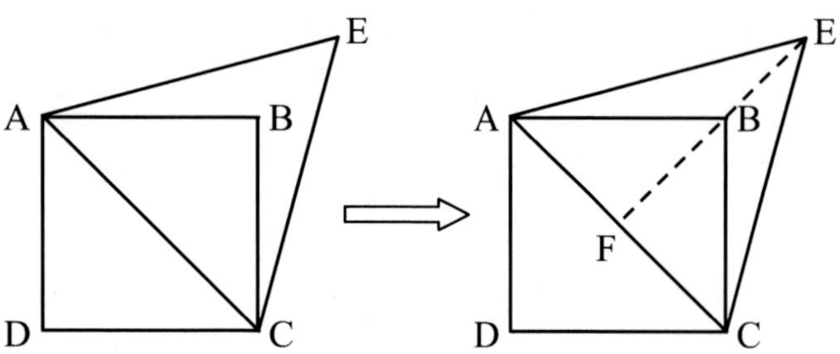

$AC^2 = AB^2 + BC^2 \Rightarrow AC = \sqrt{8} = 2\sqrt{2}$.
$AF = CF = AC/2 \Rightarrow AF = \sqrt{2}$.

$EF^2 + AF^2 = AE^2 \Rightarrow EF = \sqrt{AE^2 - AF^2} \Rightarrow$
$EF = \sqrt{(2\sqrt{2})^2 - (\sqrt{2})^2} \Rightarrow EF = \sqrt{(4 \times 2) - (2)} \Rightarrow$
$EF = \sqrt{6}$.
$BF = AF = \sqrt{2}$.

$BE = EF - BF = \sqrt{6} - \sqrt{2} = 1,04$ cm.

Conclusão: a distância BE é igual a 1,04 cm.

D) No triângulo retângulo ABC a seguir, determinar o lado do quadrado AEDF, sabendo que AC = 4 cm e AB = 6 cm.

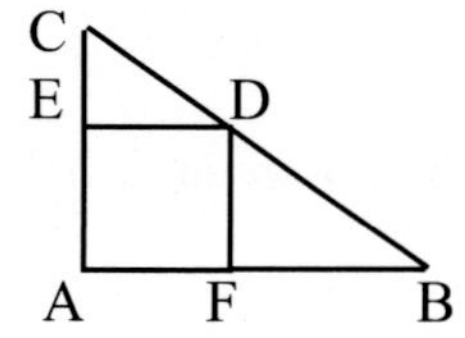

Por semelhança de triângulos: $\frac{AB}{ED} = \frac{AC}{CE}$ (I). CE = AC - EA.

De (I): $\frac{6}{ED} = \frac{4}{4 - ED} \Rightarrow 6(4 - ED) = 4\,ED \Rightarrow 24 - 6\,ED = 4\,ED \Rightarrow$

$10\,ED = 24 \Rightarrow ED = 2{,}4$ cm. **Conclusão: o lado do quadrado é igual a 2,4 cm**.

2.2.2 Perímetros e áreas de quadriláteros

O **perímetro** de um quadrilátero, bem como de qualquer tipo de polígono regular ou irregular, é igual a soma das medidas dos seus lados. Observa-se que o perímetro depende apenas das medidas dos lados, independente da posição no plano ou do tipo de quadrilátero.

Tanto no estudo da Matemática, quanto na prática, é muito importante saber calcular a área de quadriláteros. O cálculo da área de um quadrilátero varia, conforme o seu tipo. Retângulos têm suas áreas, simplesmente multiplicando os valores de seus lados. Um retângulo de comprimento dois metros e largura 0,8 metro, tem como área: 2 m x 0,8 m = 1,6 m^2. A área de um quadrado é igual ao valor do seu lado elevado ao quadrado, ou seja, o valor do lado multiplicado por ele mesmo. Um quadrado de lado 12 cm, tem como área $(12\ cm)^2 = 144\ cm^2$.

Área do paralelogramo

A área de um paralelogramo é igual ao produto da base pela altura, comprovada pela análise a seguir.

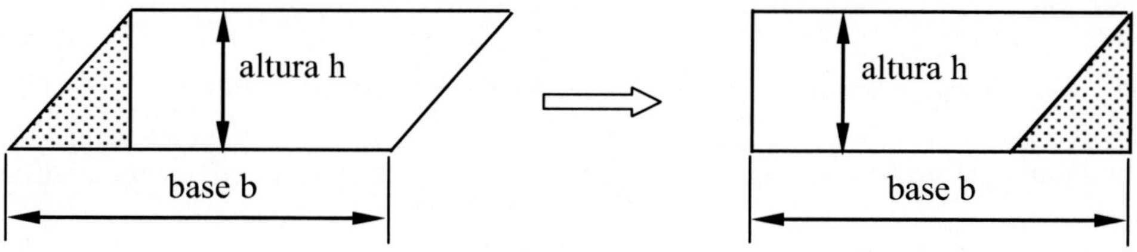

Área = b x h.

Observa-se que, ao transladar o triângulo retângulo destacado, obtém-se um retângulo, cuja área é igual ao produto da base pela altura.

Áreas dos trapézios

Existem três tipos de trapézios: retângulo, isósceles e escaleno. Independente do tipo, todo trapézio tem sua área dada por: S = (B + b)h/2, onde B é a base maior, b a base menor e h a altura.

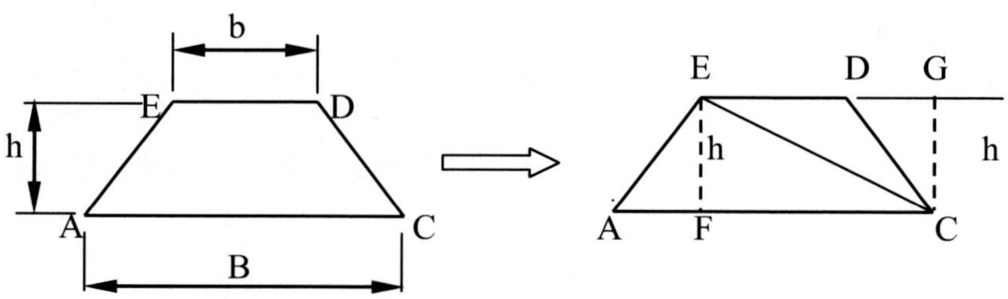

Ao traçar a diagonal CE, criam-se dois triângulos: ACE e CDE, ambos com a mesma altura h: EF = CG. A área do trapézio é igual à soma das área dos triângulos.

Área triângulo ACE = $\frac{B \times h}{2}$; Área do triângulo CDE = $\frac{b \times h}{2}$.

Soma das áreas = $\frac{B \times h}{2} + \frac{b \times h}{2} = \frac{(B + b)\,h}{2}$. ⟵ Essa é a fórmula da área de um trapézio, de qualquer tipo.

Exercício resolvido

Um fazendeiro quer dividir um terreno em três partes de mesma área, uma para cada um dos seus três filhos. O terreno tem o formato de um trapézio escaleno, como a seguir mostrado. Determinar as dimensões de cada uma das três partes.

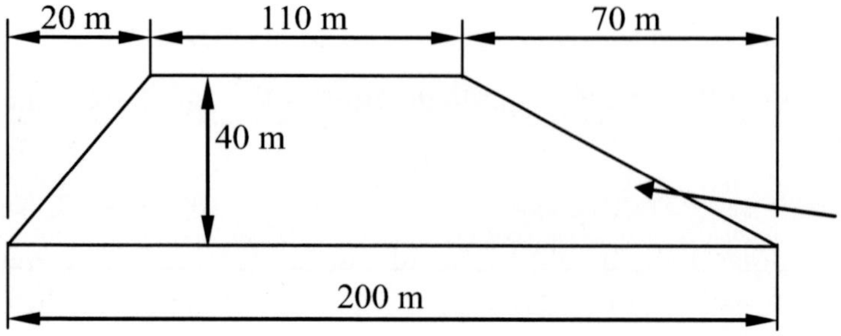

Inicialmente calcula-se a área total do trapézio.

$AT = \frac{(200 + 110) \times 40}{2} \Rightarrow AT = 6.200\ m^2.$

Área de cada parte $= \frac{6.200}{3} = 2.066,67\ m^2.$

Observa-se que a área do triângulo maior é igual a $\frac{70 \times 40}{2} = 1.400\ m^2$. ($< 2.066,67\ m^2$).

Ou seja, um dos terrenos terá o formato retangular, área A2, e os outros dois no formato de trapézios escalenos, áreas A1 e A3.

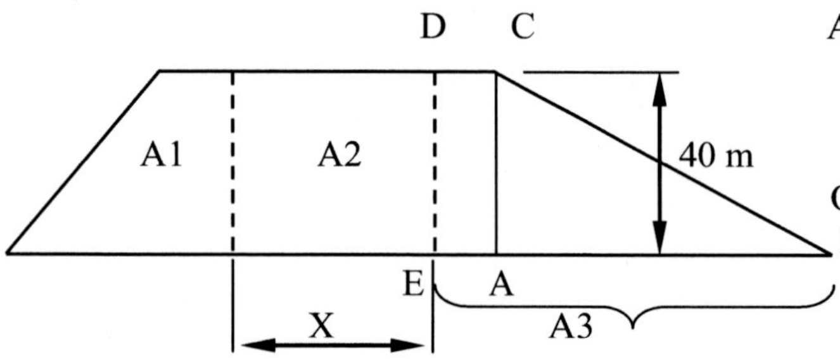

$A2 = 40\ m \times X = 2.066,67\ m^2 \Rightarrow X = \frac{2.066,67}{40} \Rightarrow$

$X = 51,67\ m.$

Ou seja: a área A2 é um retângulo de 40 m x 51,67 m.

Na sequência calcula-se a área do trapézio A3.

A3 = área do triângulo ABC mais a área do retângulo ACDE. Área do triângulo ABC = $1.400\ m^2$.

A área do retângulo ACDE é igual a $2.066,67 - 1.400 = 666,67\ m^2$. ← Esse retângulo tem altura de 40 m.

$666,67\ m^2 = AE \times 40\ m \Rightarrow AE = 16,67\ m.$

Ou seja, o trapézio de área A3 tem as seguintes dimensões:

$A3 = \frac{(86,67 + 16,67) \times 40}{2} \Rightarrow A3 = 2.066,67\ m^2$. Está correta.

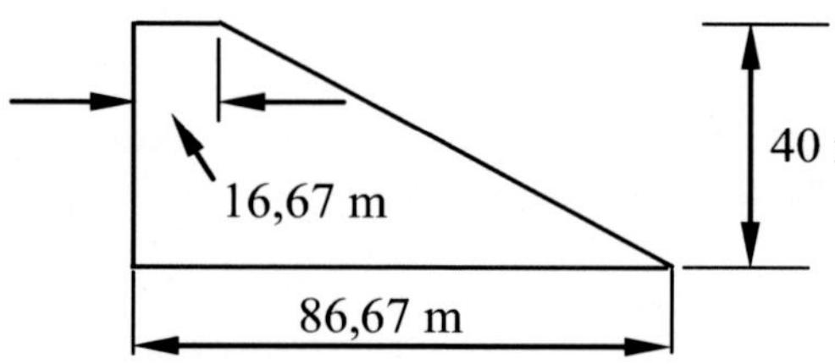

As dimensões do trapézio de área A1 são obtidas pela subtração das dimensões já conhecidas, ou seja:

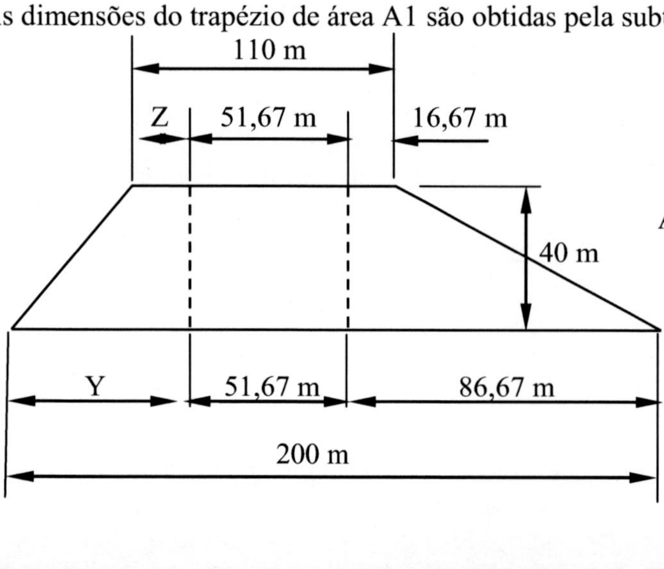

$Y = 200 - (51,67 + 86,67) \Rightarrow Y = 61,66\ m.$

$Z = 110 - (51,67 + 16,67) \Rightarrow Z = 41,66\ m.$

Área $A3 = \frac{(Y + Z) \times 40}{2} = \frac{(61,66 + 41,66) \times 40}{2} \Rightarrow$

$A3 = 2.066,67\ m^2$. Está correta.

Conclusão: os três terrenos, após a divisão, com áreas iguais a 2.066,67 m^2 cada, tem as dimensões:

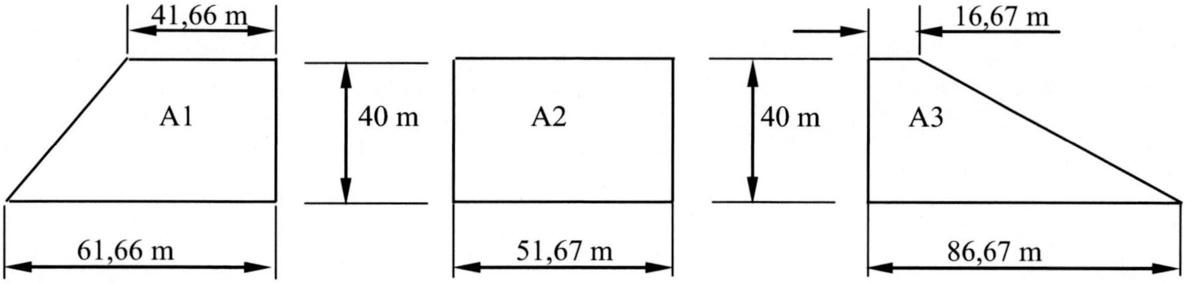

Área do losango

A área de um losango é igual ao produto das diagonais, dividido por dois (A = D x d/ 2), como a seguir demonstrado.

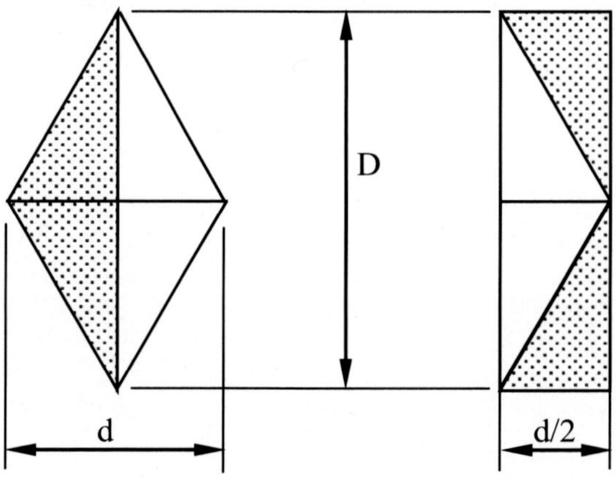

Observa-se que, recompondo a metade do losango, formada por dois triângulos retângulos, obtém-se um retângulo de dimensões D e d/2.

Como a área do losango, é equivalente à área desse retângulo, então a área do losango é igual a:

$$A = D \times \frac{d}{2}.$$

Exercício resolvido: desenhar, usando o par de esquadros, e determinar a área de um losango de lado igual a 4 cm e ângulos obtusos de 120°.

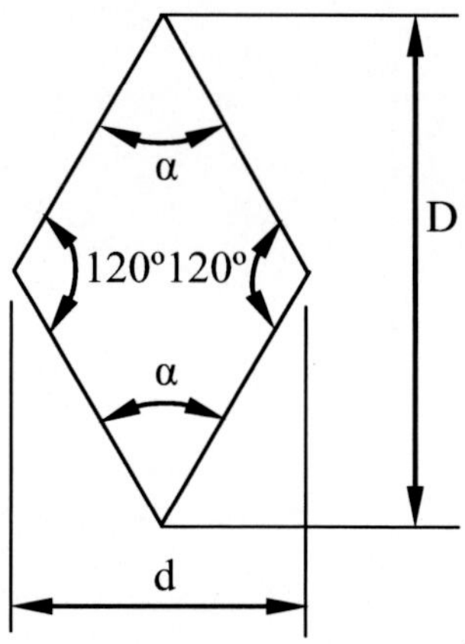

Raciocínio lógico espacial geométrico:

Inicialmente faz-se a mão livre um rascunho do losango e o que se deseja calcular, no caso os valores das diagonais d e D.
Como a soma dos ângulos internos de um losango, e todo quadrilátero, é igual a 360°, o ângulo α tem o seguinte valor: 2α + 120° + 120° = 360°, ou seja: 2α = 360° - 120° - 120° => 2α = 120° => α = 60°.
Com α = 60°, constata-se que, esse losango pode ser entendido como composto por dois triângulos equiláteros de lado igual a 4 cm. Dessa forma, a diagonal menor d vale 4 cm e a diagonal maior D é igual a soma das alturas dos triângulos equiláteros.

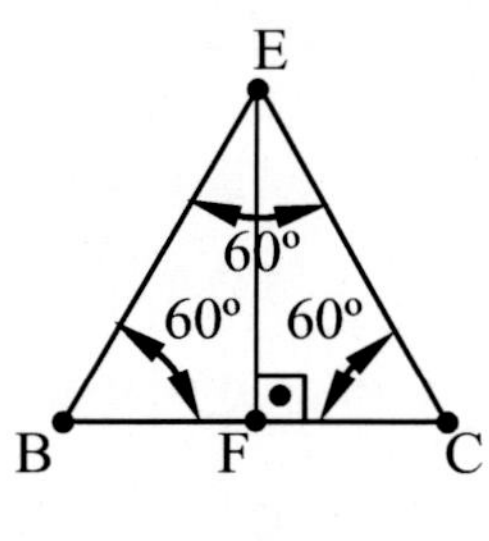

Como já visto, em triângulos equiláteros a altura referente a qualquer lado, divide o equilátero em dois triângulos retângulos. Também tem-se que: BF = CF = 2 cm. EF é a altura em relação ao lado BC.

$EC^2 = CF^2 + EF^2 \Rightarrow EF = \sqrt{EC^2 - CF^2} = \sqrt{4^2 - 2^2} = \sqrt{16 - 4} = \sqrt{12} = 3{,}464$ cm.

O valor da diagonal maior D é: 2 x 3,464 cm = 6,928 cm.

A área do losango é: $A = D \times \frac{d}{2} = \frac{6{,}928 \text{ cm} \times 4 \text{ cm}}{2} = 13{,}856 \text{ cm}^2$.

Desenho do losango: existem várias maneiras de se fazer o desenho desse losango, sendo apresentada aquela que o autor julga a mais prática.

1º Passo: traço a diagonal menor BC de comprimento 4 cm.

2º Passo: pelos vértices B e C, traço ângulos de 60º, para cima e para a direita e para baixo e para a esquerda.

3º Passo: pelos vértices B e C, traço ângulos de 60º, para cima e para a esquerda e para baixo e para a direita, fechando o losango.

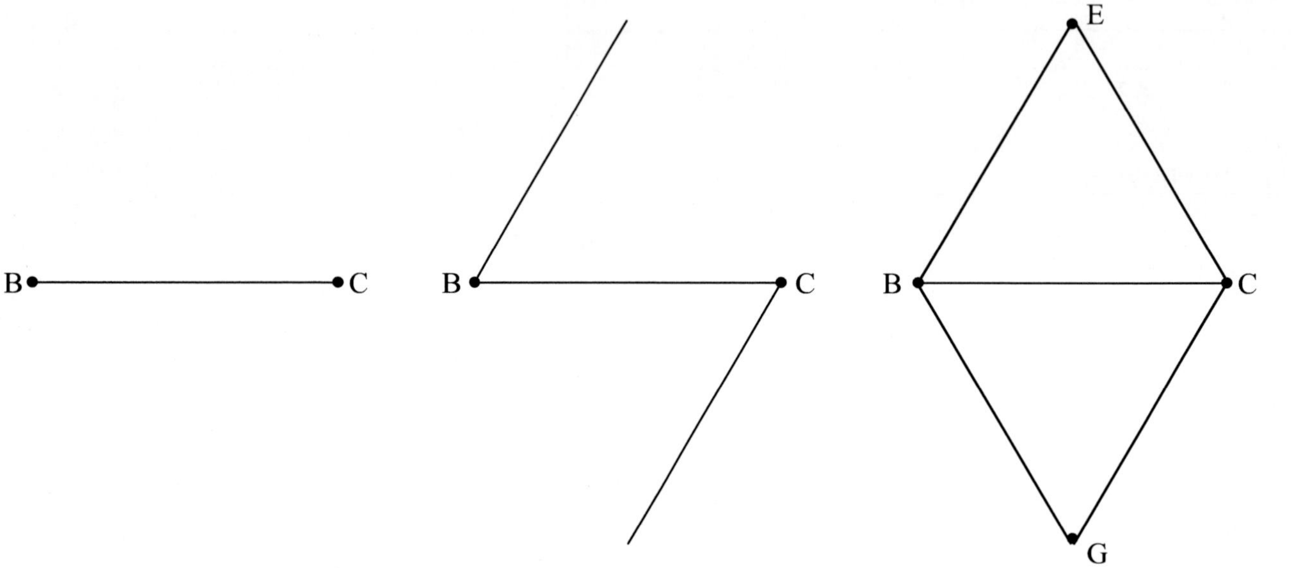

O losango concluído

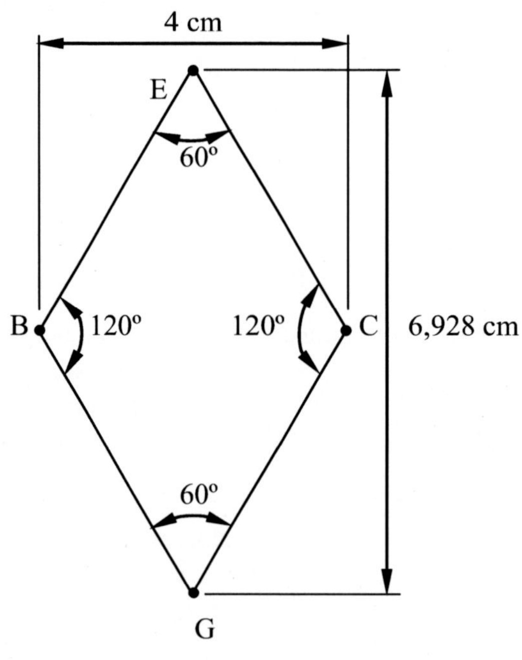

2.3 Exercícios complementares resolvidos

2.3.1) O tangram é um quebra cabeça chinês que contém sete peças: um quadrado, um paralelogramo e cinco triângulos retângulos isósceles. Na figura a seguir, o quadrado ABCD é formado com as peças de um tangram, com as seguintes características:

NP = lado do quadrado. AM = lado do paralelogramo. CDR e ADR, bem como CNP e RST, são triângulos congruentes.

Com esses dados, determinar a razão entre a área do trapézio AMNP e a área do quadrado ABCD.

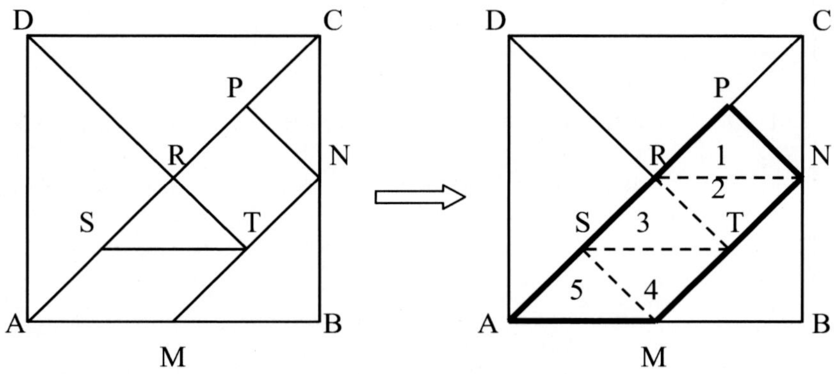

Com os dados e considerando a diagonal AC e segmento DT como trecho da diagonal BD, observa-se que o trapézio AMNP é constituído de cinco triângulos congruentes ao RNP.

Devido características desses triângulos, a diagonal AC é dividida em quatro partes iguais: AS, SR, RP e PC.

Chamando o lado do quadrado ABCD de a, sua área é: a^2.

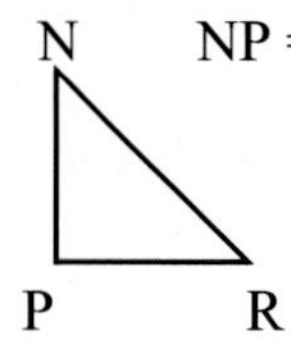

$NP = PR = \frac{a\sqrt{2}}{4}$

Do triângulo ACD: $AC^2 = a^2 + a^2 \Rightarrow AC^2 = 2a^2 \Rightarrow AC = a\sqrt{2}$.

Cada um dos cinco triângulos retângulos tem as seguintes dimensões:

A área de cada um desses triângulos é: $\dfrac{\frac{a\sqrt{2}}{4} \times \frac{a\sqrt{2}}{4}}{2} = \dfrac{2a^2}{32}$

A área do trapézio AMNP $= 5 \times \frac{2a^2}{32} = \frac{10a^2}{32} = \frac{5a^2}{16}$. Como a área do quadrado ABCD $= a^2$, então:

A relação entre a área do trapézio e do quadrado fica: $\dfrac{\frac{5a^2}{16}}{a^2} = \frac{5a^2}{16} \times \frac{1}{a^2} = 5/16$. (igual a).

Conclusão: a razão entre a área do trapézio AMNP e a área do quadrado ABCD é igual a 5/16 ou 0,3125. Ou seja, a área do trapézio é 31,25% da área do quadrado ABCD.

2.3.2) Considerando a pipa representada pela figura a seguir, determinar o comprimento total da linha representada pela soma: AB + BC + CD + DA, sabendo que: 1) AC e BD são varetas e os segmentos AB, BC, CD e DA, são trechos da linha que envolve a pipa; 2) AC e BD são perpendiculares em E; 3) Os ângulos ABC e ADC são retos e 4) Os segmentos AE e EC medem, respectivamente 18 cm e 32 cm.

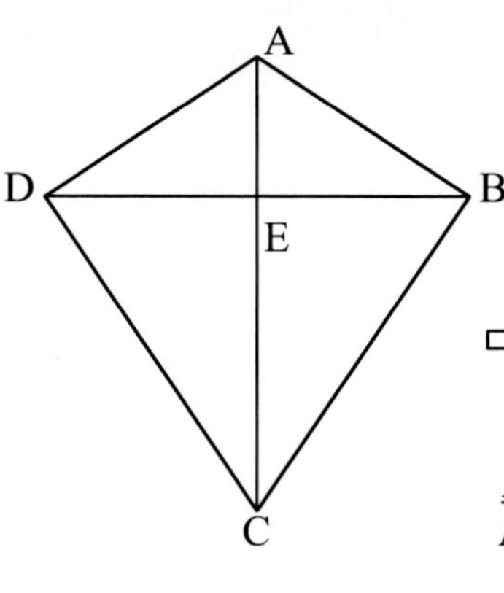

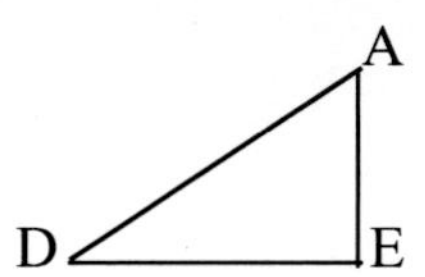

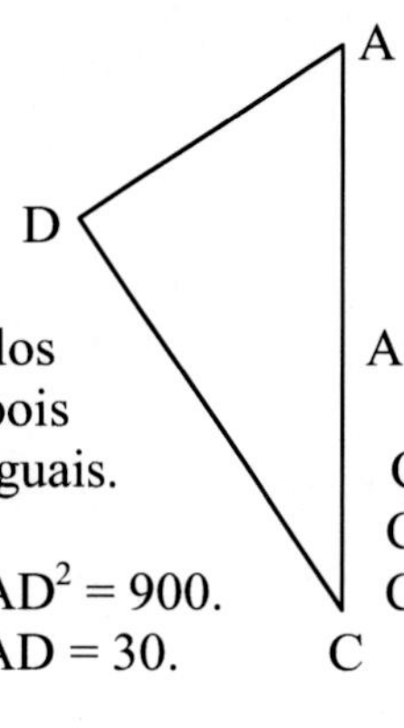

Esses dois triângulos são semelhantes, pois têm os três ângulos iguais.

$\frac{AD}{AE} = \frac{AC}{AD} \Rightarrow \frac{AD}{18} = \frac{50}{AD} \Rightarrow AD^2 = 900.$ $AD = 30.$

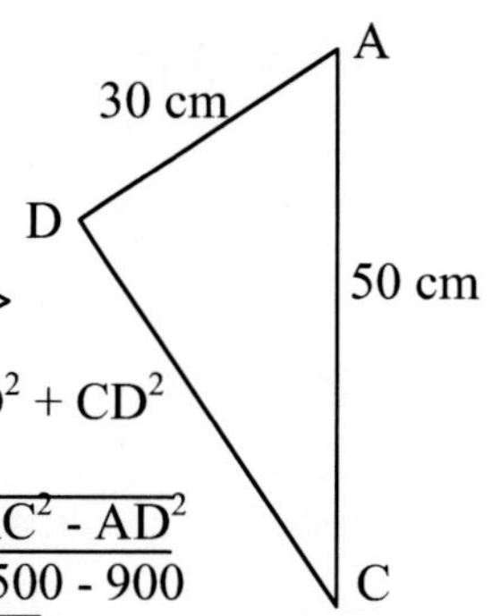

$AC^2 = AD^2 + CD^2$

$CD = \sqrt{AC^2 - AD^2}$
$CD = \sqrt{2500 - 900}$
$CD = \sqrt{1600} \Rightarrow CD = 40$ cm.

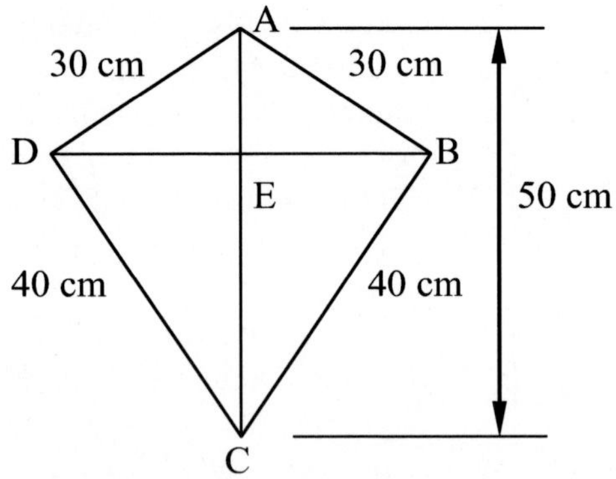

Conclusão: o comprimento total da linha é igual a 140 cm.

(Observação: apesar de ter lados iguais, dois a dois, como não tem lados paralelos, esse é um quadrilátero irregular)

2.3.3) No losango a seguir, determinar a área do quadrilátero marcado, sabendo que o lado mede 10 cm e que os pontos E e F estão no ponto médio dos lados AB e AD..

AB = BC = CD = DA = 10 cm. AE = AF = 5 cm. Inicialmente, calculam-se os ângulos e os valores das diagonais. Como a soma dos ângulos internos de um losango é igual a 360º, então:

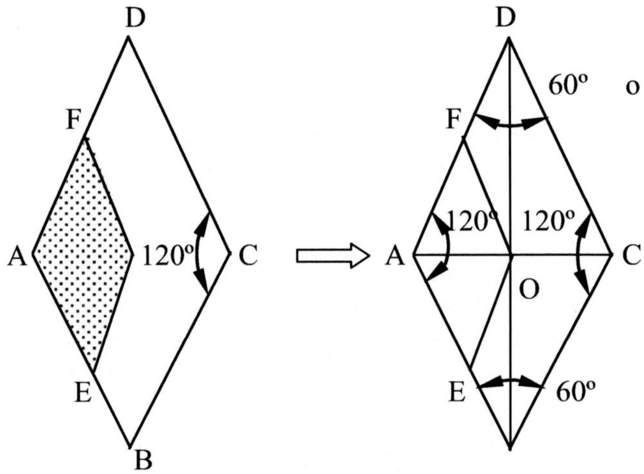

Observa-se que as linhas OE e OF são paralelas aos lados AD e CD, respectivamente. Com isso, o triângulo ACD é semelhante ao AOF, bem como os triângulos AOF e AOE são iguais.

Com essas semelhanças e igualdades, tem-se que os triângulos AOF e AOE são equiláteros de lado igual a 5 cm. Ou seja, basta calcular a área de um triângulo equilátero de lado 5 cm. O dobro dessa área é a área do quadrilátero pedido, que é um losango semelhante ao losango original.

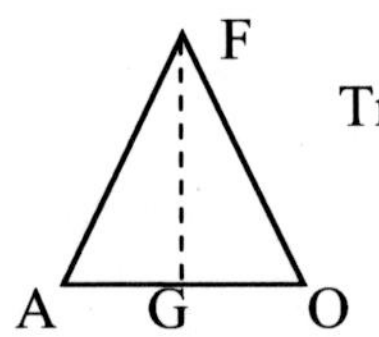

Triângulo equilátero de lado 5 cm, com altura FG.
AG = GO = 2,5 cm.

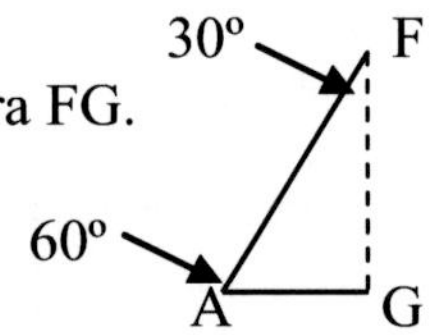

$AF^2 = AG^2 + FG^2 \Rightarrow$
$FG^2 = AF^2 - AG^2 \Rightarrow$
$FG = \sqrt{AF^2 - AG^2} \Rightarrow$
$FG = \sqrt{25 - 6,25} \Rightarrow$
FG = 4,33 cm.

Área do triângulo AOF = $\frac{AO \times FG}{2} = \frac{5 \times 4,33}{2} = 10,825\ cm^2$. Á de dois triângulos = $21,65\ cm^2$.

Conclusão: a área do quadrilátero marcado é igual a 21,65 cm^2.

2.3.4) No retângulo ABCD, os pontos E, F e H são pontos médios dos lados e G é o ponto de cruzamento das diagonais. Determinar a relação entre a área marcada e a área do retângulo.

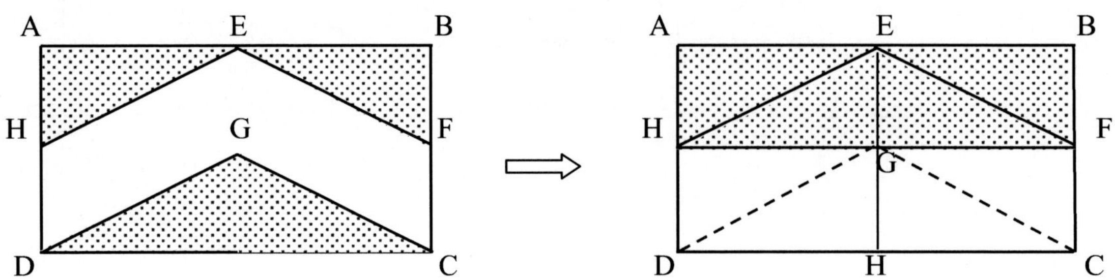

Observa-se que existem quatro triângulos retângulos iguais: AEH, BEF, HEG e FGC. A área de cada um desses triângulos equivale a um oitavo da área do retângulo ABCD. Ou seja, quatro triângulos equivalem à metade da área do retângulo. Ao rearranjar as áreas, constata-se que a área marcada é igual à metade da área do retângulo.

Conclusão: a relação entre a área marcada e a área do retângulo é igual a 0,5.

2.3.5) Uma academia possui duas salas contíguas e retangulares, sendo uma para ginástica e outra para ioga. Conforme mostra a figura a seguir, para adequar o atendimento aos usuários, a academia realizou uma reforma em que a sala de ginástica foi transformada em um quadrado, aumentando o lado menor em dois metros. Após a reforma, a sala de ioga foi reduzida de 30 m^2 para 18 m^2. Com esses dados, determinar a área da antiga sala de ginástica.

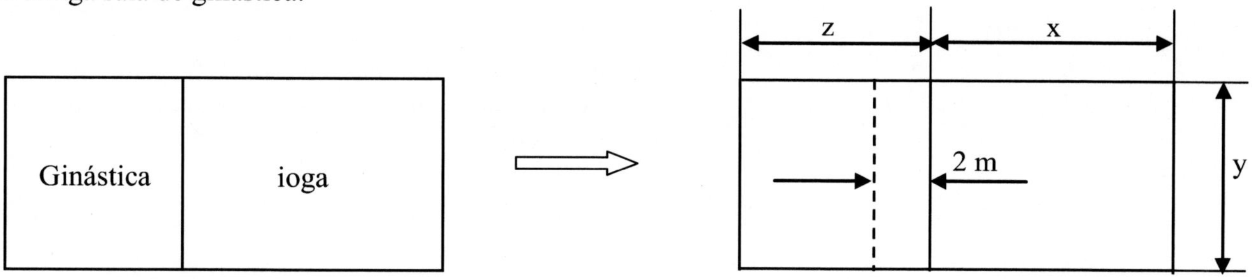

Áreas originais — Áreas, após a reforma

Considerando as dimensões após a reforma tem-se:

$$\begin{cases}(x + 2)\, y = 30 \text{ (I)} \\ x\, y = 18 \text{ (II)} \Rightarrow x = 18/y.\end{cases}$$ Substituindo (II) em (I), obtém-se:

$(18/y + 2)\, y = 30 \Rightarrow 18y/y + 2y = 30 \Rightarrow 18 + 2y = 30 \Rightarrow 2y = 12$ e $y = 6$ m.

Ou seja, a largura do grande retângulo é 6 metros. Como a sala de ginástica foi transformada num quadrado, significa que passou a ter 6 metros por 6 metros, totalizando 36 m^2.

Como para chegar aos 36 m^2, aumentou-se dois metros, significa que a sala de ginástica tinha 24 m^2, pois: 36 m^2 - (6 m x 2 m) = 36 m^2 - 12 m^2 = 24 m^2.

Conclusão: a antiga sala de ginástica tinha 24 m^2 (6 m x 4 m).

2.4 Exercícios propostos

2.4.1) Determinar os ângulos do losango a seguir.

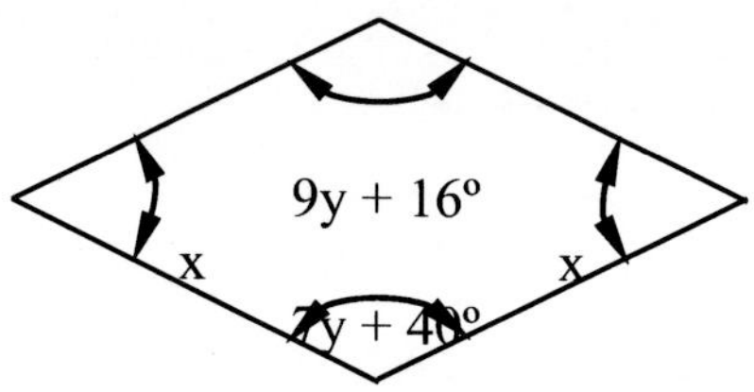

2.4.2) No retângulo a seguir, determinar os valores de x e y.

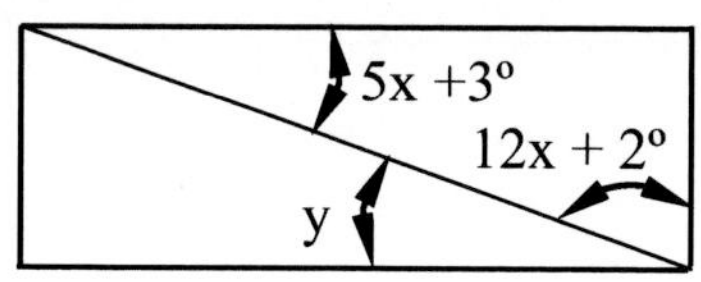

2.4.3) Um agricultor tem uma área no formato de um trapézio isósceles, como desenhado à direita. Ele precisa plantar mudas de um tipo de arbusto frutífero, que precisa de um espaçamento mínimo de dois metros entre plantas e dois metros entre a planta e os limites do terreno, que será cercado. Considerando esses dados, qual o número máximo de arbustos que ele conseguirá plantar?

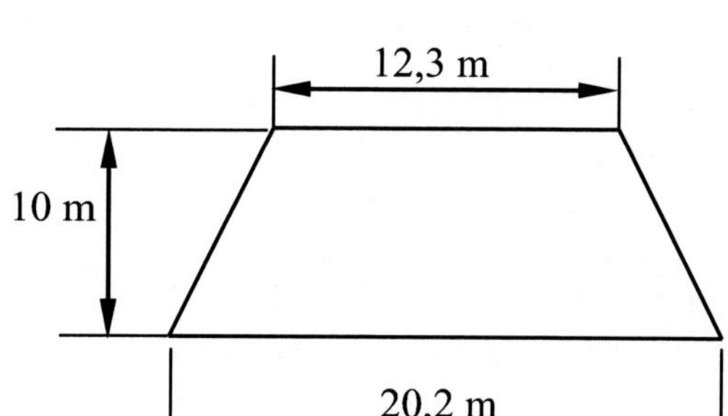

2.5 Os triângulos e o Teorema de Tales

Quando um feixe (três ou mais) de retas paralelas são “cortadas” por duas retas transversais, os segmentos formados por essa intersecção são proporcionais. Observe-se a figura a seguir, que ilustra o teorema de tales.

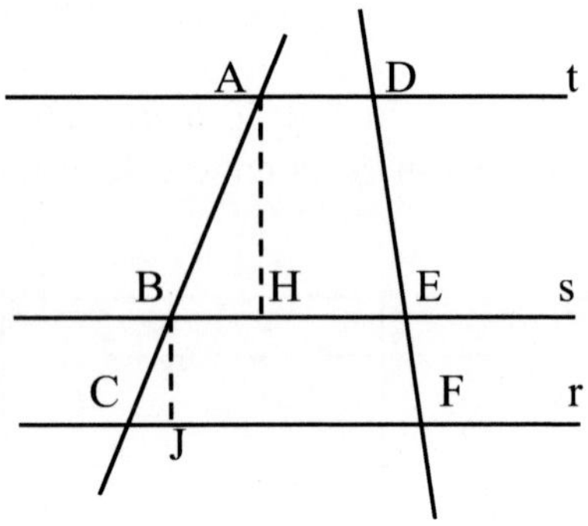

Segundo Tales: $\frac{AB}{BC} = \frac{DE}{EF}$ e $\frac{AC}{AB} = \frac{DF}{DE}$ e $\frac{AC}{BC} = \frac{DF}{EF}$.

Uma forma de demonstrar o teorema, para o caso de retas paralelas não equidistantes, é através da semelhança de triângulos. Nessa figura: ΔABH é semelhante ao ΔBCJ, pois os três ângulos são iguais.

Exercício resolvido: na figura a seguir, considerando as retas paralelas r, s e t, bem como as retas transversais u e v, e sabendo que: AB = 2 cm, BC = 5 cm e EF = 10 cm, determinar o valor do segmento DE.

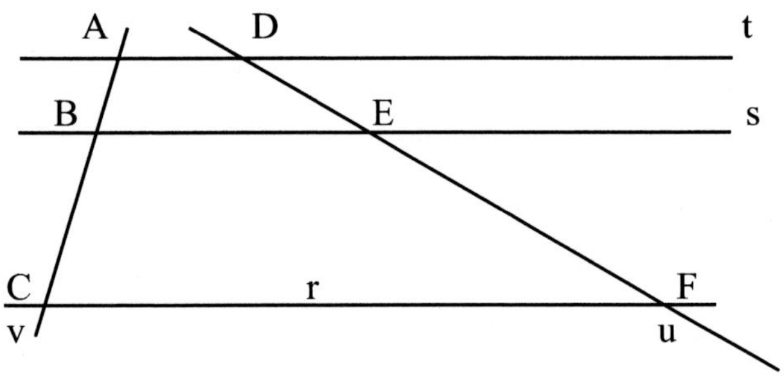

Pelo teorema de Tales:

$\frac{AB}{BC} = \frac{DE}{EF}$ => $\frac{2\ cm}{5\ cm} = \frac{DE}{10\ cm}$ => DE = 4 cm.

Conclusão: o segmento DE mede 4 cm.

Exercício resolvido: no triângulo ABD, determine o valor do lado AD, sabendo que o lado EF é paralelo ao lado BD. Considere: AE = 21 cm, AB = 35 cm e AF = 15 cm.

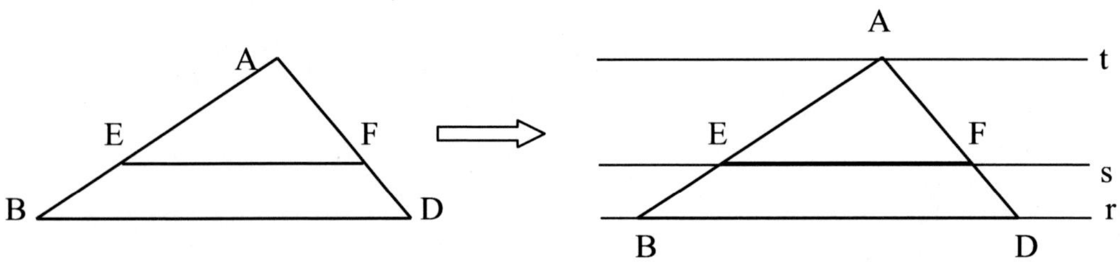

Considerando as retas r, s e t, paralelas e passando pelos vértices do triângulo, aplica-se o teorema de Tales:

$\frac{AE}{AB} = \frac{AF}{AD}$ => $\frac{21\ cm}{35\ cm} = \frac{15\ cm}{AD}$ => AD = $\frac{35\ cm \times 15\ cm}{21\ cm}$ => AD = 25 cm.

Conclusão: o lado AD mede 25 cm.

Exercício resolvido: na figura a seguir, as retas r, s e t são paralelas e as retas u e v são transversais. Sabendo que: AB = 4 cm, BC = 6 cm, DE = (2x + 1) cm e EF = (5x - 1) cm, determinar o valor de x, ou seja, determinar as medidas dos segmentos DE e EF.

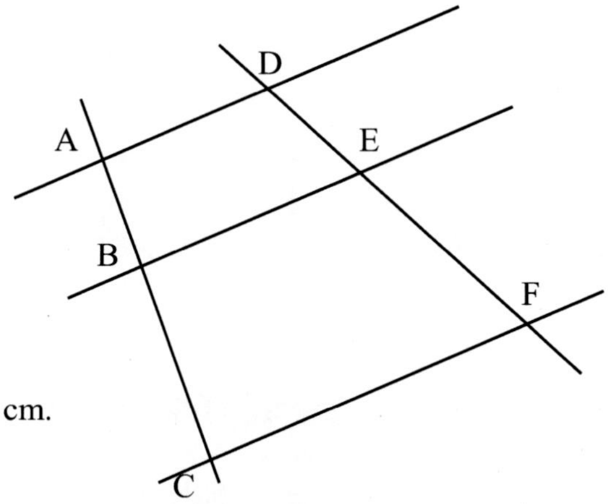

Aplicando o teorema de Tales:

$\frac{AB}{BC} = \frac{DE}{EF} \Rightarrow \frac{4}{6} = \frac{(2x + 1)}{(5x - 1)} \Rightarrow 4(5x - 1) = 6(2x + 1) \Rightarrow$

$20x - 4 = 12x + 6 \Rightarrow 8x = 10 \Rightarrow x = \frac{10}{8} \Rightarrow x = \frac{5}{4}.$

Substituindo o valor de x tem-se:

$DE = (2x + 1) \Rightarrow DE = (\frac{2 \times 5}{4} + 1) \Rightarrow DE = \frac{14}{4} \Rightarrow DE = 3{,}5$ cm.

$EF = (5x - 1) \Rightarrow EF = (\frac{5 \times 5}{4} - 1) \Rightarrow EF = \frac{21}{4} \Rightarrow EF = 5{,}25$ cm.

Conclusão: os segmentos medem: DE igual a 3,5 cm e EF igual a 5,25 cm.

2.6 Os triângulos e o Teorema da bissetriz interna

Como uma consequência do teorema, visto anteriormente, Tales concluiu que: “Em todo triângulo, a bissetriz de qualquer ângulo interno divide o lado oposto a ele em duas partes proporcionais, em relação aos outros dois lados”. Veja-se a figura a seguir.

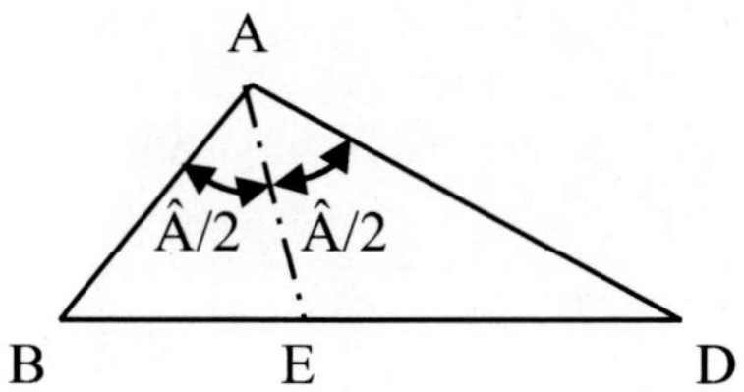

AE é a bissetriz do ângulo Â.

Segundo Tales: $\frac{BE}{ED} = \frac{AB}{AD}$ ou $\frac{AB}{BE} = \frac{AD}{ED}$.

Exercício resolvido: no triângulo ABD, a seguir, o perímetro é igual a 54 cm, BE é a bissetriz do ângulo Â, AE é igual a 8 cm e ED é igual a 10 cm. Determinar os valores dos lados AB e AD.

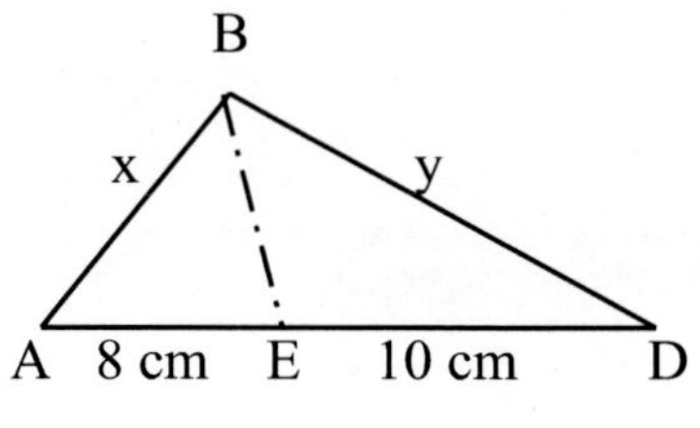

Perímetro 54 cm $\Rightarrow x + y + 18 = 54 \Rightarrow x + y = 36 \Rightarrow x = 36 - y$ (I).

Aplicando o teorema da bissetriz interna tem-se:

$\frac{x}{8} = \frac{y}{10} \Rightarrow 10x = 8y$ (II).

(I) em (II) $\Rightarrow 10(36 - y) = 8y \Rightarrow 360 - 10y = 8y \Rightarrow 360 = 18y \Rightarrow y = 20$ cm.

$x = 36 - y \Rightarrow x = 36 - 20 \Rightarrow x = 16$ cm.

Conclusão: os lados medem: AB igual a 16 cm e BD igual a 20 cm.

2.7 Arte Geométrica com quadriláteros e triângulos

Capítulo 3

As cevianas e os pontos notáveis nos triângulos: ortocentro, circuncentro, incentro e baricentro. A reta de Euler. Arte Geométrica das cevianas

Ceviana é qualquer segmento que parte de um vértice de um triângulo e corta o lado oposto a esse vértice. São exemplos de cevianas: mediana, altura e bissetriz. Num triângulo, pontos notáveis são determinados pelo cruzamento das cevianas: mediatriz, bissetriz e mediana.

3.1 Ortocentro (ponto O): cruzamento das alturas

É o ponto obtido pela interseção das alturas, relativas a cada lado do triângulo. Todo triângulo tem: três lados, três ângulos e três alturas.

No triângulo, de qualquer tipo, altura é a distância entre um lado e o vértice oposto. Ou seja, o conceito da distância entre um ponto e um segmento de reta. Observa-se que, para determinar a distância entre um ponto e um segmento de reta, traça-se uma perpendicular ao segmento passando pelo ponto. A distância é a medida sobre a perpendicular, entre o ponto considerado e o outro ponto, onde a perpendicular intercepta o segmento de reta.

Como será mostrado a seguir, dependendo do tipo de triângulo, em especial nos obtusângulos, a determinação da altura, exige o prolongamento do(s) lado(s), retornando-se à definição de triângulo, como visto no parágrafo 4: "triângulo (três ângulos) ou trilátero (três lados) é a região plana interna delimitada pela interseção de três retas, não coincidentes, não paralelas e não perpendiculares entre si".

Dependendo do tipo de triângulo o ortocentro muda de posição, como mostrado a seguir. Como já visto, com relação aos ângulos os triângulos podem ser: retângulo (um ângulo reto), acutângulo (três ângulos agudos) ou obtusângulo (um ângulo obtuso).

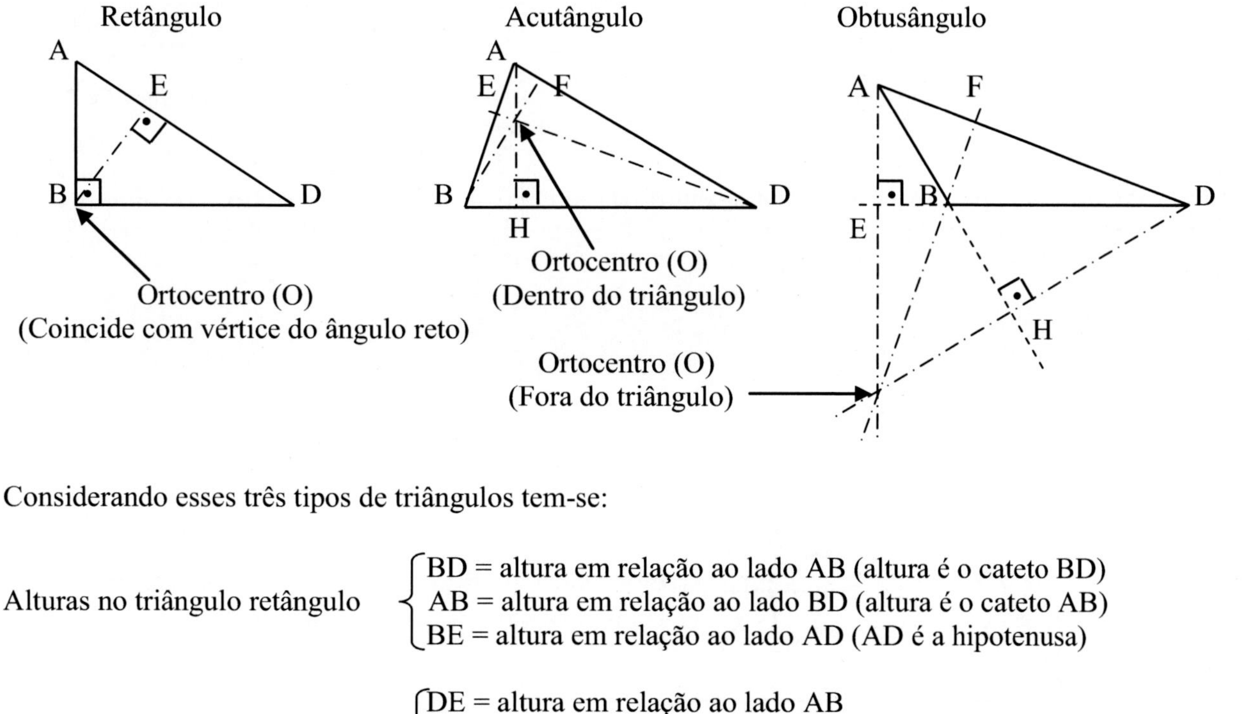

Considerando esses três tipos de triângulos tem-se:

Alturas no triângulo retângulo
- BD = altura em relação ao lado AB (altura é o cateto BD)
- AB = altura em relação ao lado BD (altura é o cateto AB)
- BE = altura em relação ao lado AD (AD é a hipotenusa)

Alturas no triângulo acutângulo
- DE = altura em relação ao lado AB
- AH = altura em relação ao lado BD
- BF = altura em relação ao lado AD

Alturas no triângulo obtusângulo
- DH = altura em relação ao lado AB (com prolongamento do lado AB)
- BF = altura em relação ao lado AD
- AE = altura em relação ao lado BD (com prolongamento do lado BD)

3.1.1 O triângulo órtico e uma das suas propriedades

O triângulo órtico é formado pelos pontos onde a linha da altura de cada lado intercepta o próprio lado. Triângulos órticos possuem várias propriedades, sendo que em todo triângulo obtusângulo o vértice do ângulo obtuso é o ponto onde se localiza o incentro do triângulo órtico, ou seja, o ponto de interseção das bissetrizes dos ângulos do triângulo órtico. A figura a seguir, à esquerda, mostra o triângulo órtico DEF do triângulo obtusângulo ABC.
A figura da direita mostra a circunferência inscrita ao triângulo órtico DEF, após a determinação dos pontos de tangências T1, T2 e T3, a partir de perpendiculares a cada lado do triângulo órtico, e passando pelo seu incentro, ou seja, pelo vértice do ângulo obtuso do triângulo ABC. Triângulos retângulos, não possuem triângulo órtico.

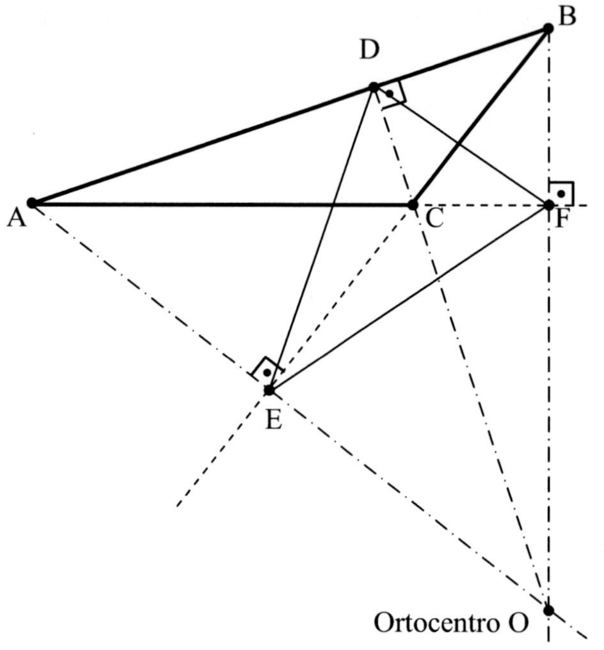

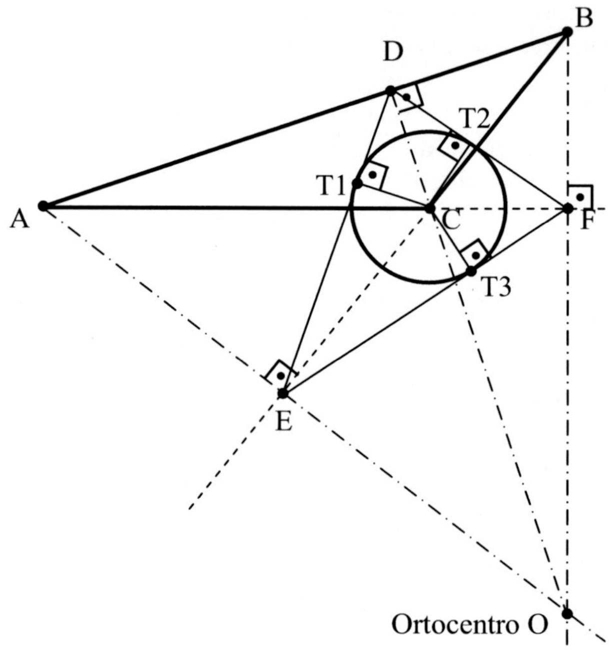

Em todo triângulo equilátero: o ortocentro (encontro das alturas), o incentro (encontro das bissetrizes), o circuncentro (encontro das mediatrizes) e o baricentro (encontro das medianas) coincidem no mesmo ponto. Triângulos retângulos, não possuem triângulo órtico.

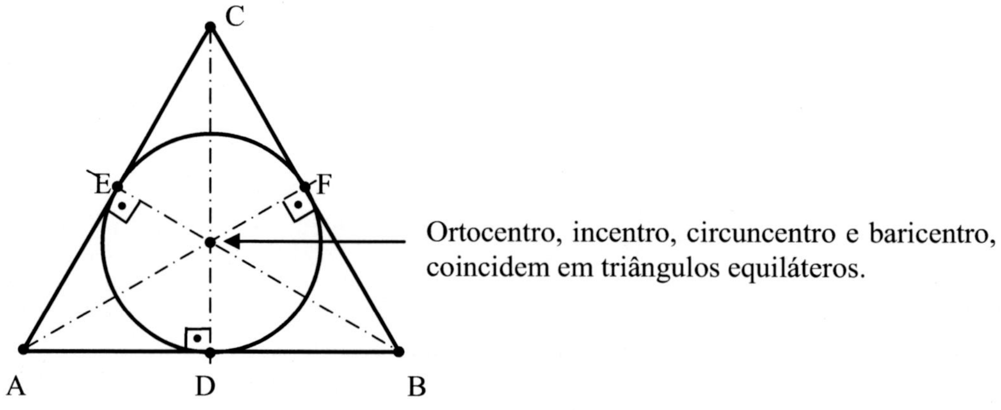

O conceito do triângulo órtico tem aplicações em várias demonstrações de Geometria no nível superior de ensino, por exemplo, no bacharelado em Matemática.

Exercício resolvido: desenhar e determinar a localização gráfica do ortocentro O do triângulo ABD, obtusângulo a seguir. Dar a localização em relação ao vértice A, considerando a medida x na horizontal (ou abscissa) e a medida y na vertical (ou ordenada).

Imagem do triângulo a ser calculado:

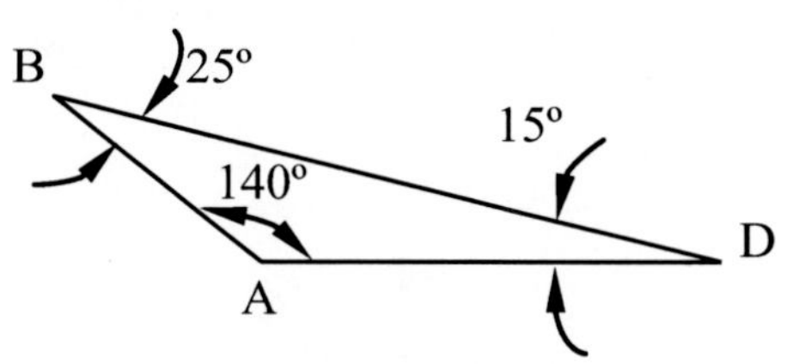

Dados dimensionais $\begin{cases} AB = 3{,}06 \text{ cm.} \\ AD = 5 \text{ cm.} \\ BD = 7{,}6 \text{ cm.} \end{cases}$

Observa-se que, as dimensões dos lados foram calculadas com o uso de análises trigonométricas, detalhadas no volume 4 desta coleção de livros de "Desenho Geométrico e Geometria".

Sequência lógica para o desenho do triângulo e determinação das alturas e suas interseções, usando o par de esquadros e o compasso:

1º: Traço o lado AD, com 5 cm; 2º: Com centro no vértice A, traço um arco de raio AB igual a 3,06 cm, para cima e para a esquerda; 3º Com centro em D, traço um arco de raio DB igual a 7,39, para a esquerda e de forma a inteceptar o raio AB. Nessa interseção está o vértice B, e traço o lado AB; 4º Uno os pontos, ou melhor, vértices BD, fechando o triângulo; 5º: Traço a altura referente ao lado AB, estendendo o segmento AB para baixo, pois o triângulo é obtusângulo; 6º: Traço a altura referente ao lado AD; 7º: Traço a altura referente ao lado BD, estendendo o lado AD para a esquerda, pois o triângulo é obtusângulo e 8º: Determino a localização gráfica do ortocentro, com a interseção das linhas das três alturas.

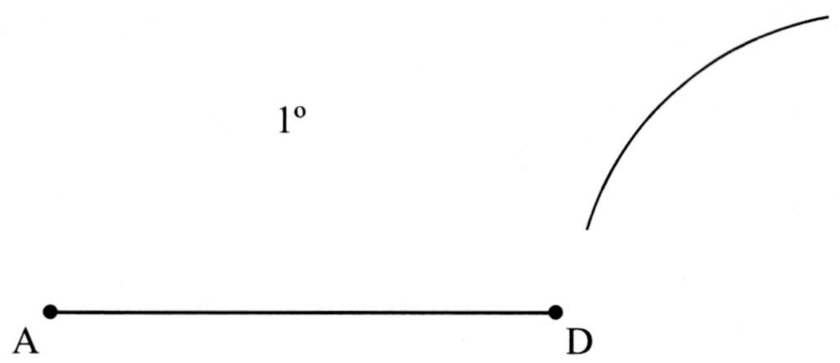

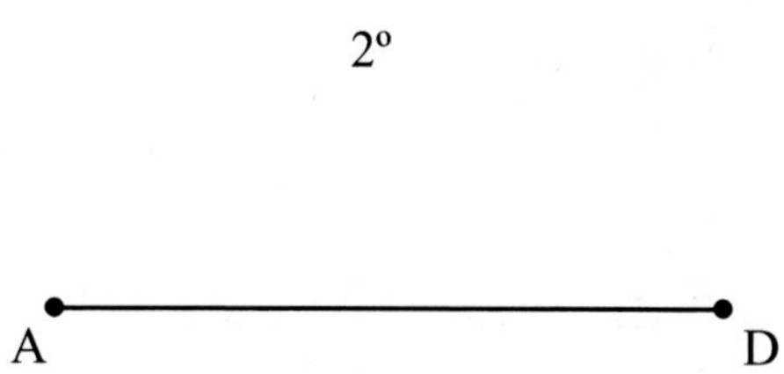

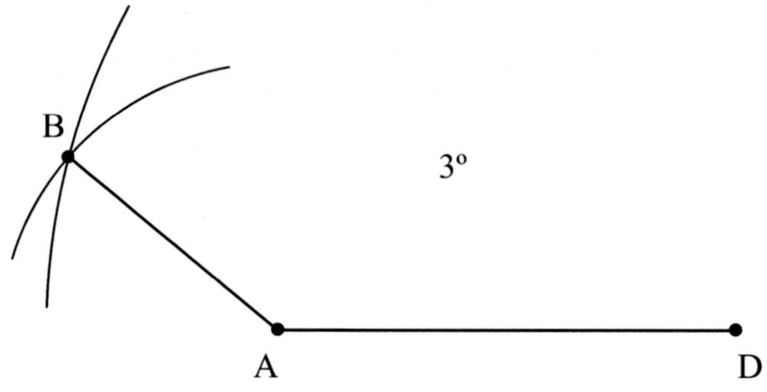

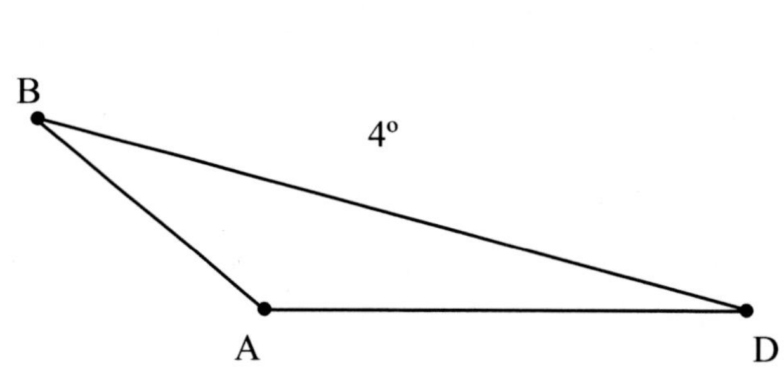

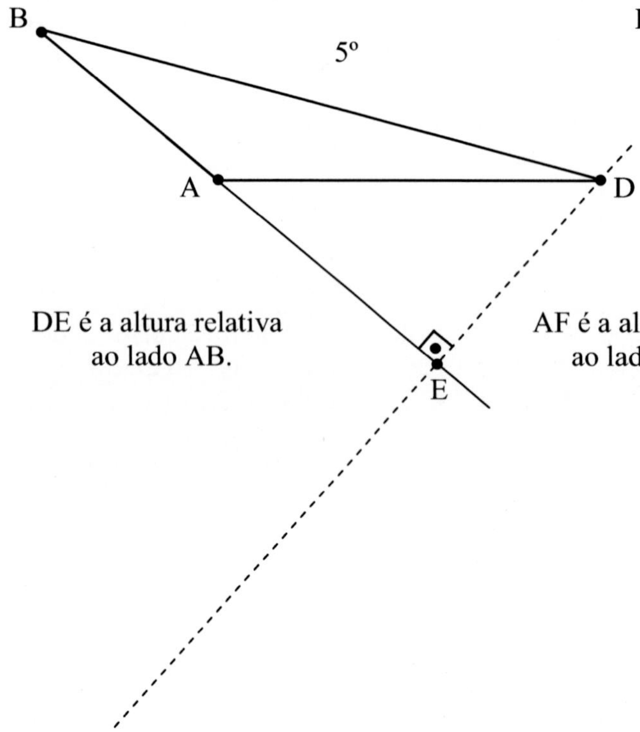

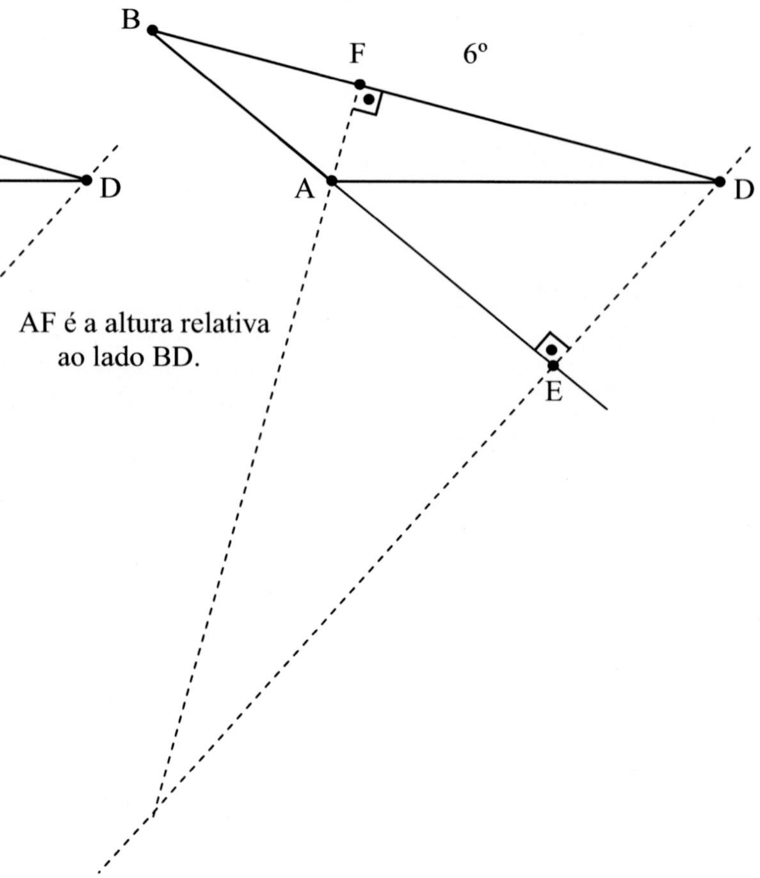

BH é a altura relativa ao lado AD.

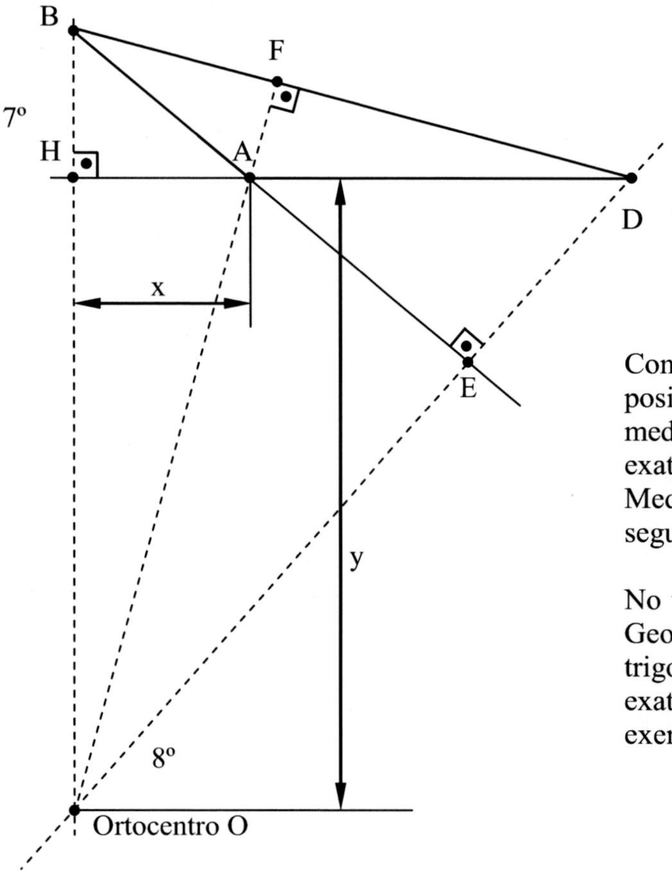

Com este desenho tem-se a determinação gráfica da posição do ortocentro O do triângulo ABD. As medidas x e y definem a posição ou coordenadas exatas do ortocentro O.
Medindo com o escalímetro, foram encontrados os seguintes valores: x = 2,3 cm e y = 8,4 cm

No volume 4 dessa coleção de livros de "Desenho Geométrico e Geometria" são feitas as análises trigonométricas, determinando-se as medidas exatas ou coordenadas dos valores de x e y, deste exercício.

3.2 Circuncentro (ponto C): cruzamento das mediatrizes

É o ponto obtido pela interseção das mediatrizes de cada lado. A grande característica do circuncentro é que, por ele se traça uma circunferência que passa pelos três vértices. Ou seja, o circuncentro é equidistante dos vértices. Lembra-se que, mediatriz é o lugar geométrico dos pontos equidistantes aos extremos de um segmento de reta (no caso é o lado do triângulo).

$\overline{CA} = \overline{CB} = \overline{CD}$ = raio da circunferência circunscrita

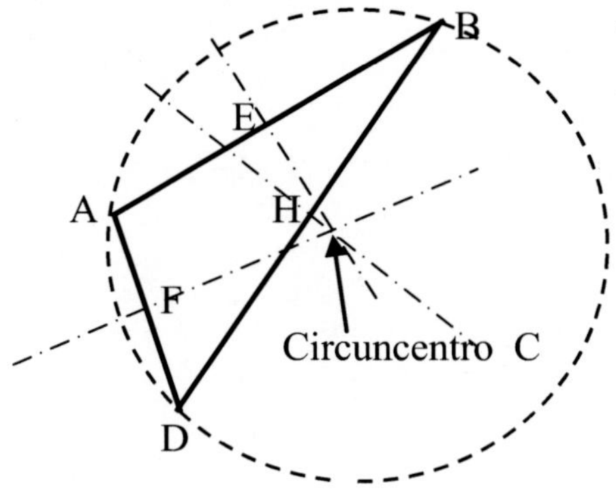

Triângulo escaleno obtusângulo.
(Circuncentro está fora do triângulo)

E ponto médio do lado AB
F ponto médio do lado AD
H ponto médio do lado BD

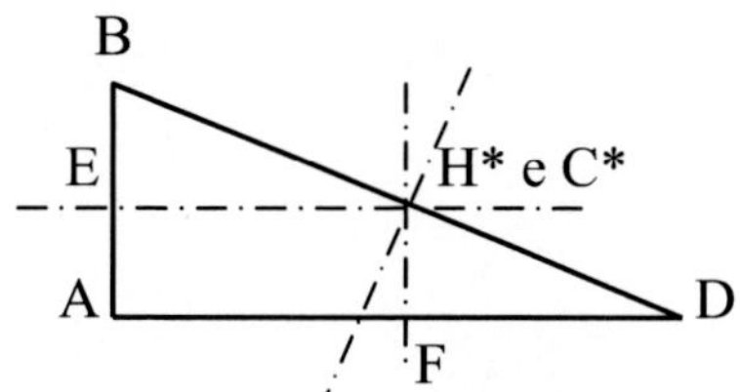

*Em triângulos retângulos, sempre o circuncentro coincide com o ponto médio da hipotenusa.

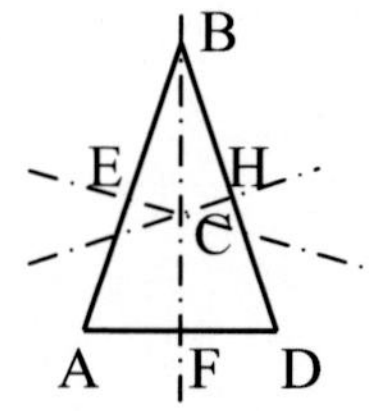

Em triângulos isósceles, portanto, acutângulo, o circuncentro sempre está no interior do triângulo.

Em triângulos equiláteros, portanto acutângulos, o circuncentro está no interior do triângulo. Observa-se que, nos equiláteros, os quatro pontos notáveis coincidem no mesmo ponto.

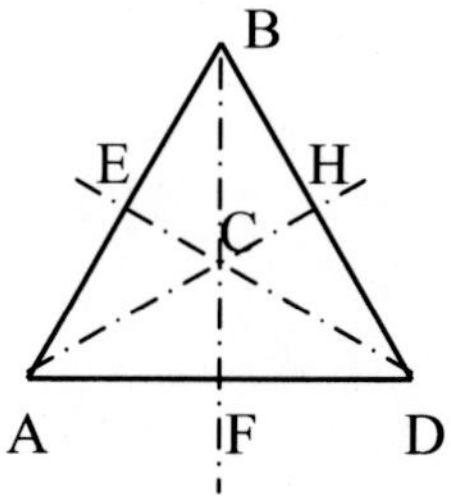

Exercício resolvido: considerando o triângulo ABD, do exercício anterior, onde se determinou a posição gráfica do ortocentro O, determinar a posição gráfica do circuncentro C do mesmo triângulo, traçando a circunferência que passa pelos três vértices.

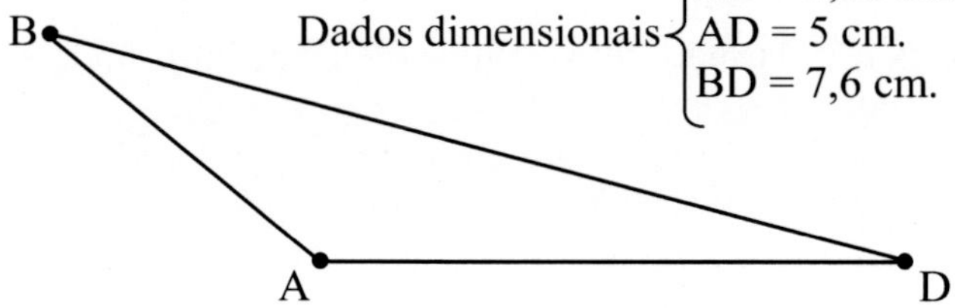

Dados dimensionais: AB = 3,06 cm.; AD = 5 cm.; BD = 7,6 cm.

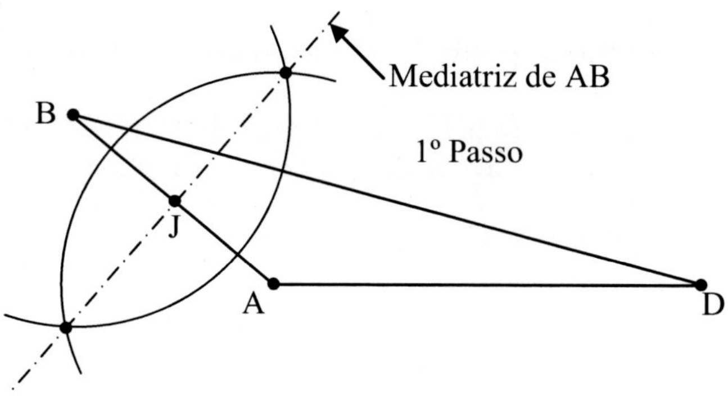

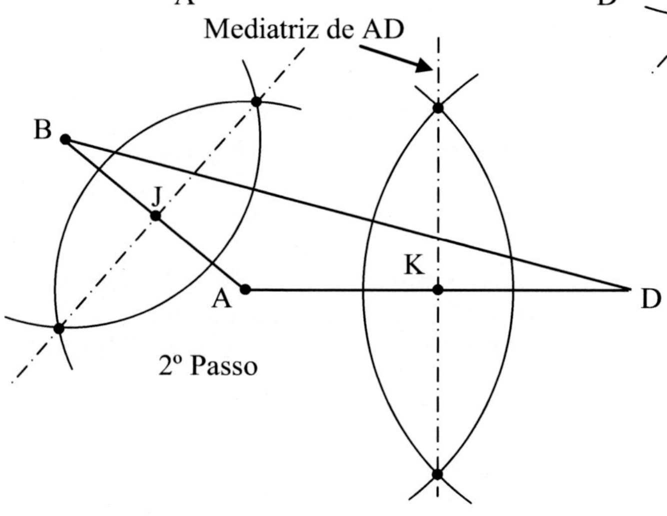

No 3º passo traça-se a mediatriz do lado BD, prolongam-se as mediatrizes dos lados AB e AD, determinando o circuncentro, ponto C, e traça-se a circunferência que passa pelos três vértices.
Observa-se que, cada reta mediatriz é perpendicular ao lado correspondente.

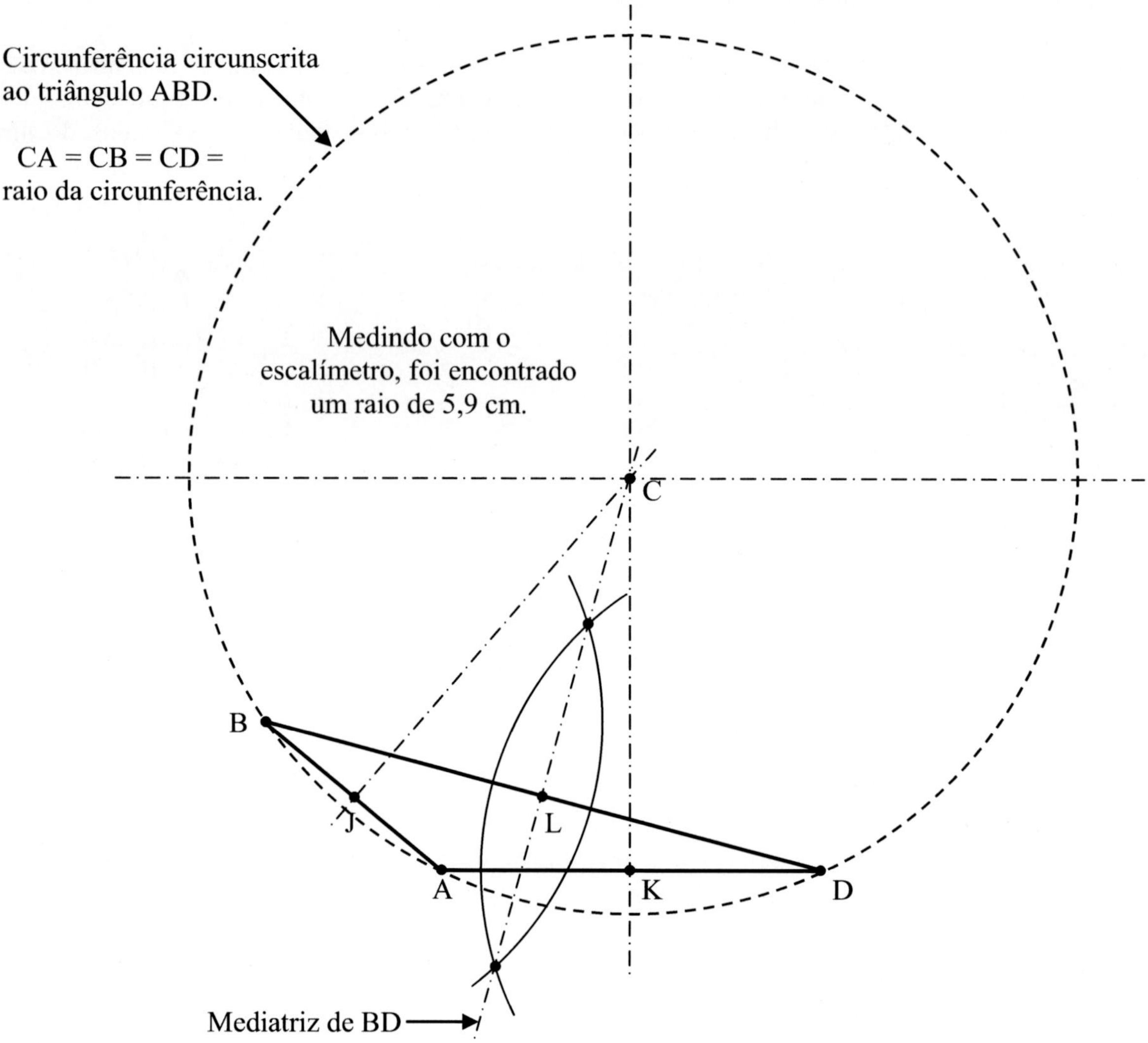

3.3 Incentro (ponto I): cruzamento das bissetrizes

É o ponto obtido pela interseção das bissetrizes*, relativas a cada lado do triângulo. Pelo incentro pode-se traçar uma circunferência inscrita e tangente aos lados do triângulo.

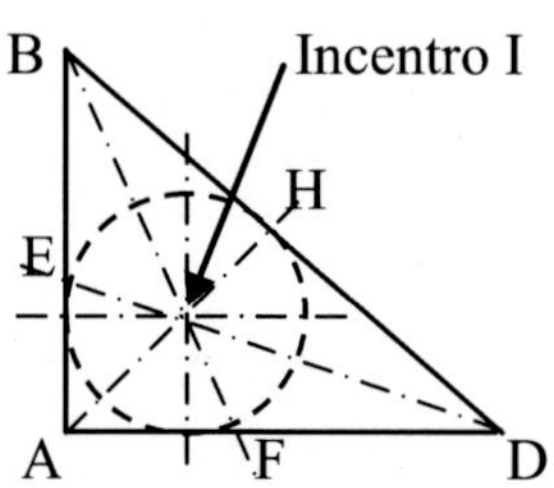

$\overline{DE}$ = bissetriz de $\overline{AB}$
$\overline{BF}$ = bissetriz de $\overline{AD}$
$\overline{AH}$ = bissetriz de $\overline{BD}$

*Bissetriz é o lugar geométrico dos pontos equidistantes aos lados de um ângulo.

Exercício resolvido: considerando o triângulo ABD, dos exercícios anteriores, onde se determinou a posição gráfica do ortocentro O e do circuncentro C, determinar a posição gráfica do Incentro C do mesmo triângulo, traçando a circunferência interna tangente aos três lados. Determinar, graficamente o diâmetro da circunferência e marcar os pontos de tangência.

1º Passo: bissetriz do ângulo A.

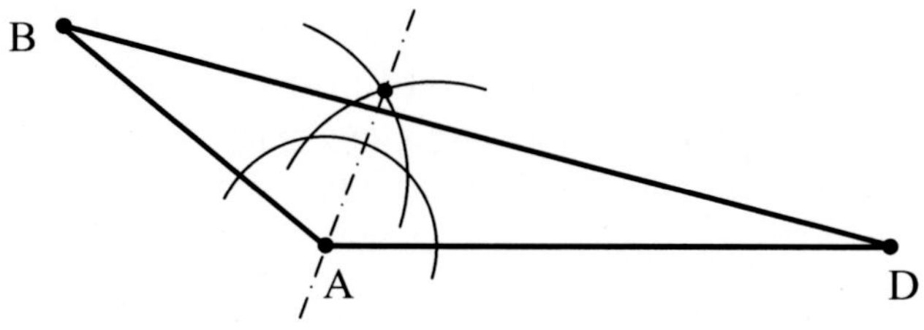

2º Passo: bissetriz do ângulo D.

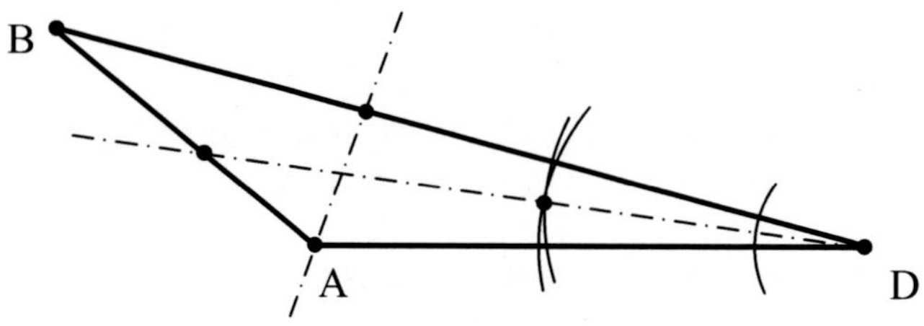

3º Passo: bissetriz do ângulo B.

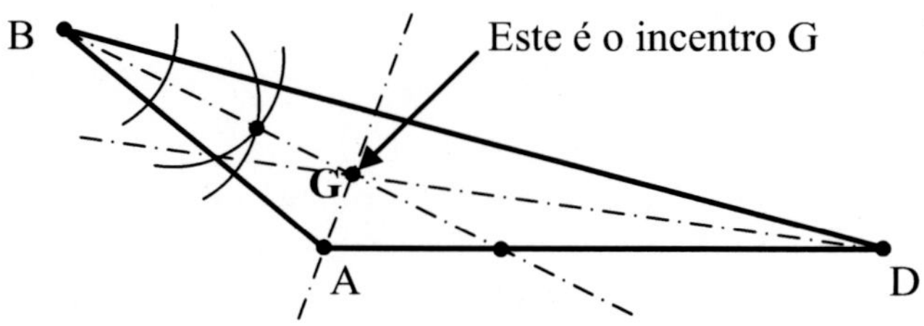

4º Passo: traçar perpendicular a cada lado, passando pelo incentro, determinando os pontos de tangência.

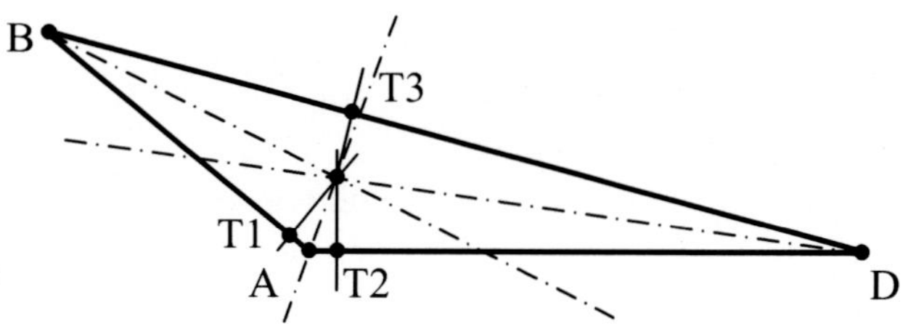

5º Passo: traçar circunferência inscrita, passando pelos pontos de tangência.

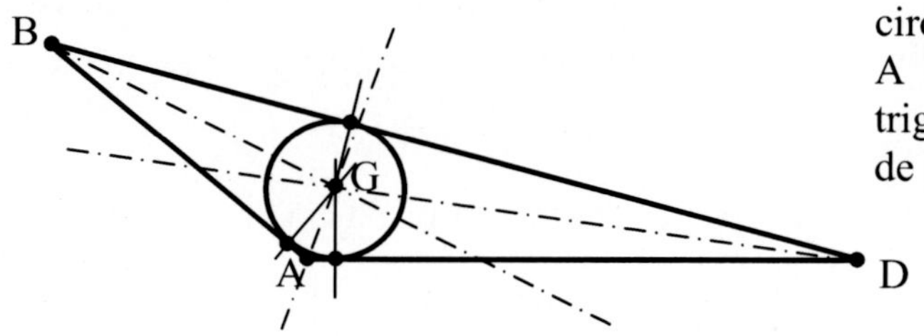

A medida com o escalímetro mostra que a circunferência tem um diâmetro de 1,3 cm.
A medida exata do diâmetro é feita com análises trigonométricas, estudadas no volume 4, desta coleção de livros "Desenho Geométrico e Geometria".

3.4 Baricentro (ponto G): cruzamento das medianas

É o ponto obtido pela interseção das medianas, relativas a cada lado do triângulo. Mediana é o segmento de reta que une um vértice ao ponto médio do lado oposto. Esse ponto G, também é conhecido como centro de equilíbrio. Ou seja, para se descobrir o baricentro, primeiro definem-se os pontos médios de cada lado, traçando as três mediatrizes. Um bom exercício prático é desenhar, num pedaço de madeira, um triângulo qualquer, de preferência um obtusângulo escaleno, traçar as mediatrizes e medianas, determinando o baricentro ou ponto G. Ao se fazer um pequeno furo no ponto G e colocar a ponta de um lápis ou caneta, comprova-se o ponto de equilíbrio, já que o triângulo fica parado e apoiado por apenas um ponto.
Observa-se que, em qualquer tipo de triângulo, o baricentro sempre se localiza no interior da figura.

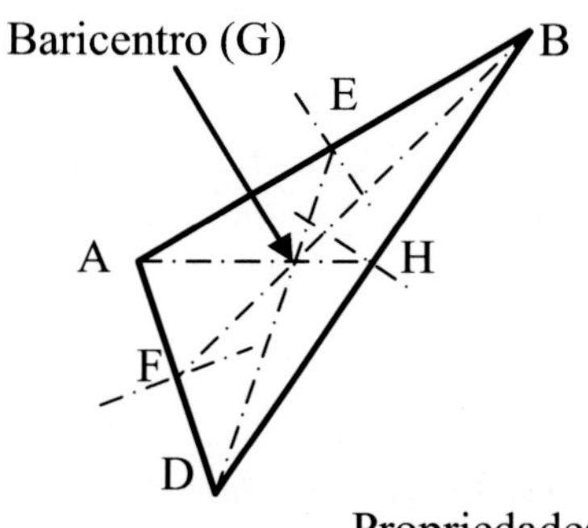

E = ponto médio de AB
F = ponto médio de AD
H = ponto médio de BD

DE = mediana de AB
BF = mediana de AD
AH = mediana de BD

Propriedades da mediana:
- AG = 2/3 AH => GH = 1/3 AH
- BG = 2/3 BF => GF = 1/3 BF
- DG = 2/3 DE => GE = 1/3 DE

Exercício resolvido: considerando o triângulo ABD, dos exercícios anteriores, onde se determinou a posição gráfica do ortocentro O, do circuncentro C e do Incentro C do mesmo triângulo, determinar, graficamente a localização do baricentro G.

Inicialmente observa-se que, como cada mediana liga um vértice ao ponto médio do lado oposto, será utilizado o triângulo já com a localização das mediatrizes (pontos), no exercício para localizar o circuncentro. Com este triângulo, traçam-se as três medianas, determinando-se o baricentro, ponto G.

AL, BK e DJ são as três medianas.

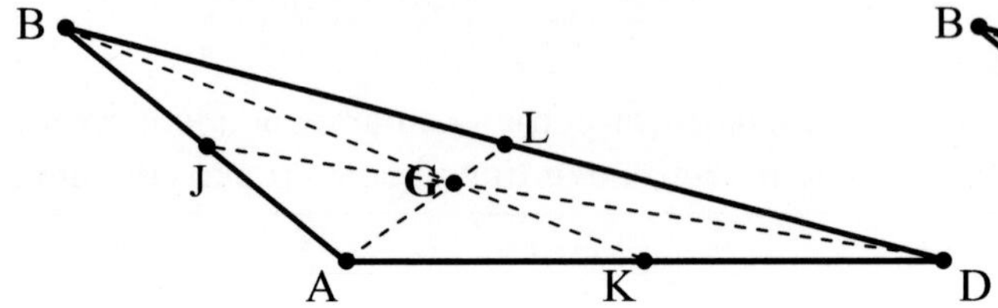

Medindo com o escalímetro, obtém-se as seguintes medidas: x = 1 cm e y = 0,7 cm.

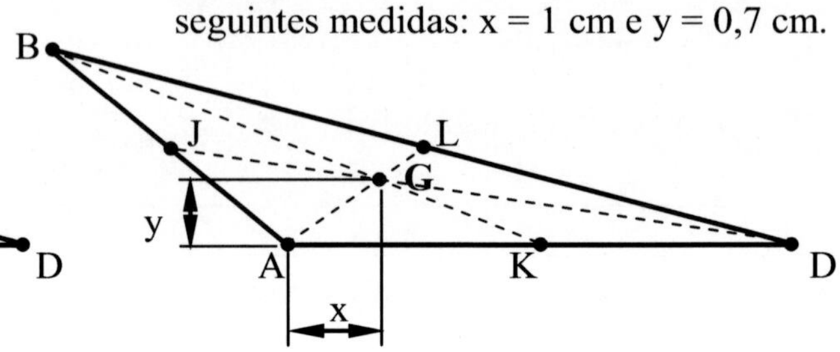

3.5 A reta de Euler

Leonhard Paul Euler (1707-1783) demonstrou que, em triângulos escalenos e isósceles quaisquer, existe uma reta (chamada de reta de Euler) que passa pelos seguintes três pontos notáveis: Ortocentro (O), Baricentro (G) e Circuncentro (C). Como em triângulos equiláteros esses três pontos coincidem (bem como o Incentro), fica óbvio que, nesses casos, não existe a chamada reta de Euler, já que por um único ponto é possível passar-se uma infinidade de Retas. Em verdade, Euler chegou às seguintes conclusões:

Conclusão 1: existe uma reta que passa pelos seguintes pontos notáveis de triângulos escalenos e isósceles: ortocentro (O), baricentro (G) e circuncentro (C).

Conclusão 2: o baricentro (G) está localizado entre o ortocentro (O) e o circuncentro (C).

Conclusão 3: a distância entre o baricentro (G) e o ortocentro (O) é o dobro da distância entre o baricentro (G) e o circuncentro, ou seja: OG = 2(GC).

Conclusão 4: existe uma circunferência com centro no encontro das mediatrizes (ponto C) e que passa pelos três vértices de um triângulo, ou seja: CA = CB = CD.

Uma reta de Euler é mostrada no triângulo obtusângulo escaleno ABD, a seguir.

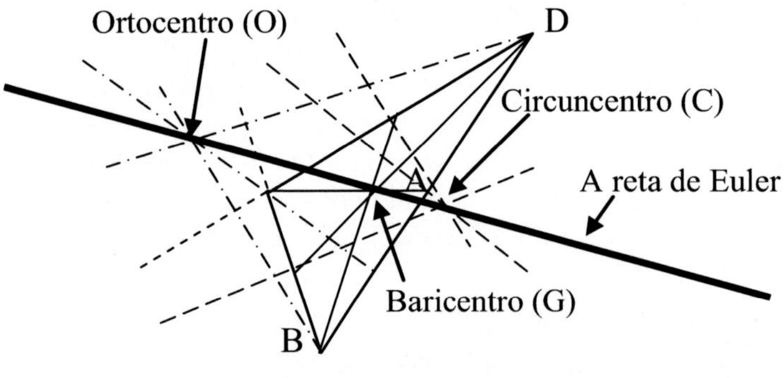

A comprovação da reta de Euler pode ser feita, tanto graficamente, quanto por cálculos exatos de retas e suas interseções, pela Geometria Analítica*.

*O cálculo analítico da equação de uma reta de Euler é feito com conceitos da Trigonometria e da Geometria Analítica, envolvendo a distância entre pontos e equações de retas. Uma completa análise analítica de uma reta de Euler, é feita no livro "Geometria Analítica Aplicada" (ABRANTES, 2019, p.56 a 65).

3.5.1 Exemplo de determinação gráfica de uma reta de Euler

A reta de Euler, a seguir determinada graficamente, utiliza os desenhos do triângulo ABD, onde foram determinados os pontos: O ou ortocentro, G ou baricentro e C ou circuncentro.

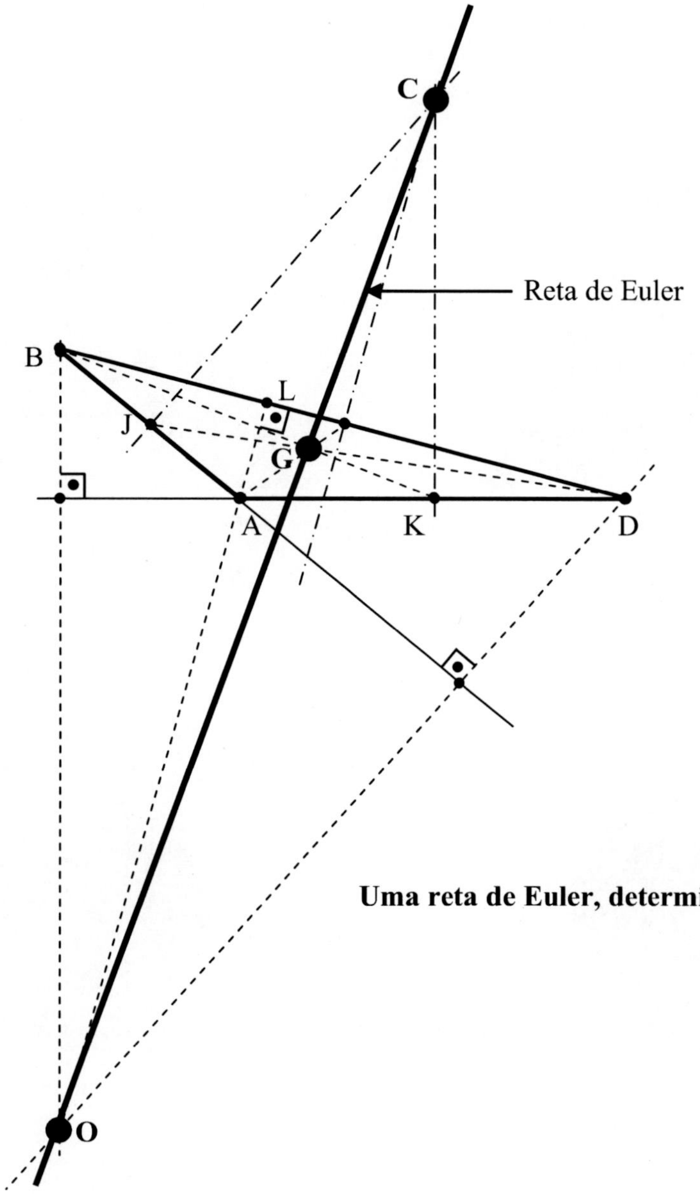

Uma reta de Euler, determinada graficamente.

3.6 Exercícios propostos

3.6.1) Dado o triângulo retângulo a seguir, de lados: AB = 4 cm, AD = 8 cm e BD = 6,93 cm e ângulos 30º e 60º, desenhar e determinar a localização gráfica do incentro, traçar a circunferência inscrita e, tangente ao lados, determinando os pontos de tangência e o diâmetro da circunferência.

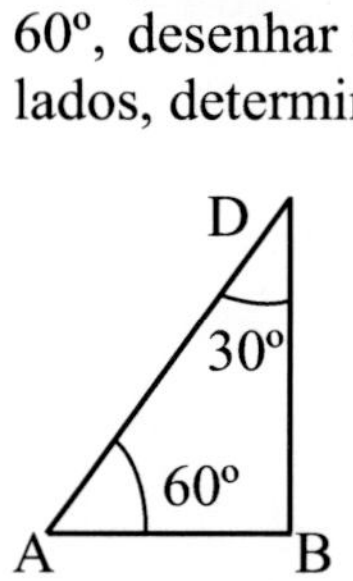

Observação: Como o triângulo tem ângulos de 30º, 60º e 90º, ou seja, igual a um dos esquadros, o desenho do mesmo será feito apenas com o par de esquadros. Por óbvio, o compasso só será usado para traçar a circunferência inscrita e tangente aos lados.

3.6.2) No triângulo a seguir, sabendo que o ângulo A vale 90º e M é o ponto médio do lado BC, pede-se calcular o valor do ângulo ß.

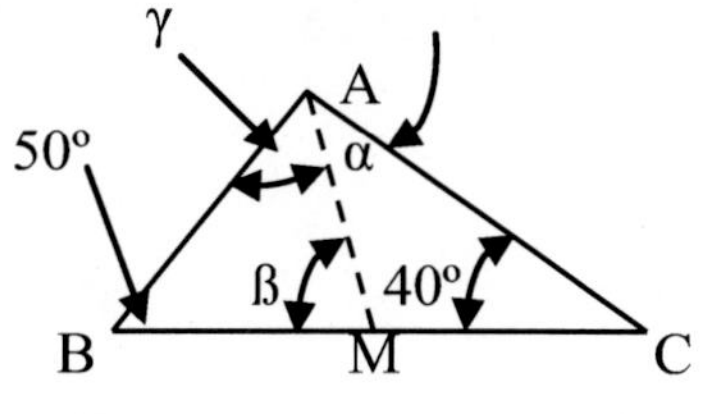

3.7 A Arte Geométrica das cevianas

Capítulo 4

Circunferências: retificação e desretificação. Tangências. Aplicações práticas

Circunferência é o lugar geométrico dos pontos equidistantes a um ponto denominado centro. Colocando a ponta seca do compasso no ponto do centro, com uma abertura qualquer, ao girar obtém-se uma circunferência de raio igual à abertura do compasso, sendo o diâmetro o dobro do raio. Retificar uma circunferência significa determinar o perímetro da linha curva. Desretificar uma circunferência significa pegar um determinado comprimento de um segmento e, com métodos práticos e gráficos, determinar qual o diâmetro da circunferência que tem aquele perímetro. A palavra tangência, aqui está relacionada a um segmento de reta ou um ângulo, que toca uma circunferência ou um arco em um único ponto, chamado de ponto de tangência.

4.1 Retificação gráfica de circunferências. O número π igual a 3,1416

No parágrafo 4.8, do livro "Desenho Geométrico e Geometria II", foi citado que π (pi) = 3,1416, é um número irracional, ou seja, não pode ser expresso na forma de fração, é decimal e suas casas decimais são infinitas e não seguem um padrão como o das dízimas periódicas. Por exemplo, π pode ser expresso como: 3,14159265358979323846. Sabe-se que em cálculos especiais, o seu valor pode ser usado até milhões de casas decimais, após a vírgula, como é o caso de trajetórias de naves espaciais lançadas em direção a outros planetas. Originalmente o número π foi obtido como resultado da divisão do perímetro de uma circunferência pelo seu diâmetro. Ou seja, para qualquer circunferência, de qualquer tamanho ou medida, quando se divide o seu perímetro ou a linha curva pelo diâmetro, acha-se sempre o valo 3,14

Em grego, a palavra perímetro começa com a letra π e significa em português: "linha que faz o contorno". Como se mede o perímetro da circunferência de um cilindro? Basta passar, por exemplo, uma fita métrica ao longo da parte externa, dando uma volta completa. Quando se "estica" a fita métrica, a medida que surge é o perímetro daquela circunferência. Por exemplo, se ao fazer isso se achar um valor igual a 31,4 cm ou 314 mm, "descobre-se" que o valor do diâmetro da circunferência é igual a 10 cm ou 100 mm.

Analiticamente temos que Perímetro (P) dividido pelo Diâmetro (D) = π, ou seja: $P/D = \pi$, portanto: $P = \pi D$ ou $P = 2\pi r$ ($D = 2R$), onde R é o raio da circunferência. Graficamente, como se retifica ou se calcula o comprimento ou perímetro de uma circunferência?

Existem alguns processos para a retificação gráfica de uma circunferência e a seguir são mostrados três.

4.1.1 Processo do quadrado e triângulo inscritos

Neste processo, determina-se o comprimento da circunferência somando-se duas vezes o lado do quadrado inscrito (L4), mais duas vezes o lado do triângulo equilátero inscrito (L3). O erro cometido é por excesso e equivale a poucos milésimos do diâmetro*. Por exemplo: uma circunferência de 10 mm ou 1 cm de raio tem 62,8318531 mm de perímetro, neste processo encontra-se 62,9252874 mm. Erro de +0,0993756 mm ou 0,00993756 cm.

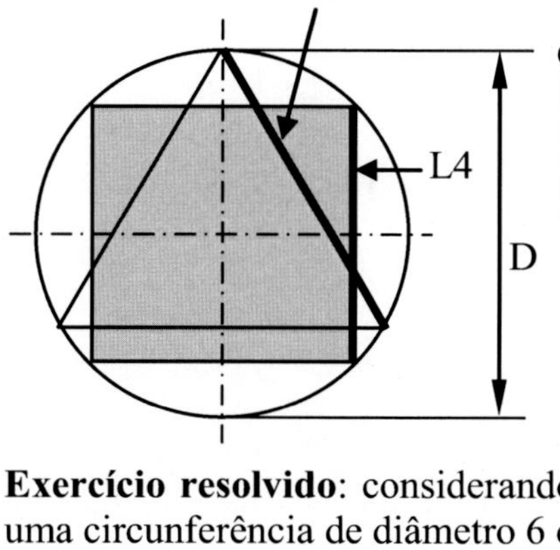

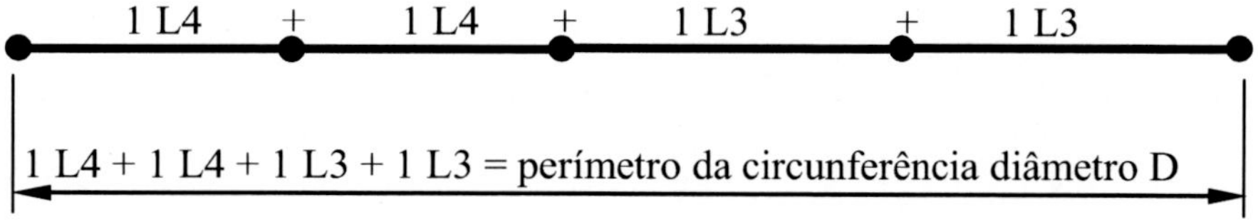

*O erro de poucos milésimos do diâmetro, ocorre quando se usa, por exemplo, um *software* como o AUTOCAD.

Exercício resolvido: considerando π = 3,1416, determine analítica e graficamente o valor do perímetro de uma circunferência de diâmetro 6 cm.

Análise gráfica:

L4 = 4,3 cm

L3 = 5,2 cm

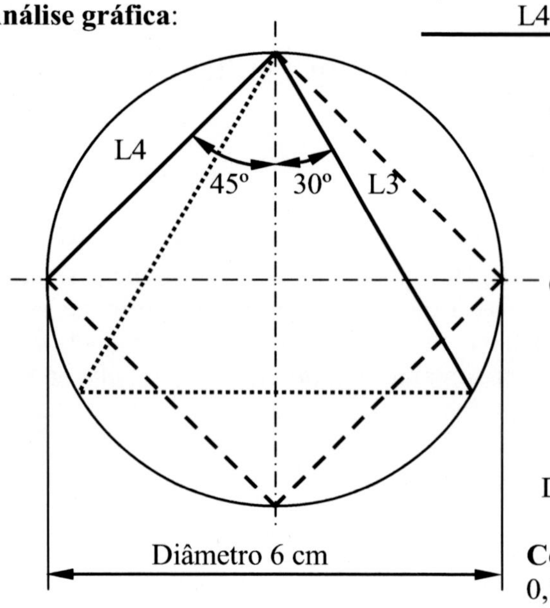

*Medidas obtidas com o escalímetro, a partir do desenho.

2L4 + 2l3 = 2(4,3 cm) + 2(5,2 cm) = 19 cm

O desenho foi feito usando o par de esquadros e o compasso.

Análise "exata": P = πD = 3,1416 x 6 cm = 18,8496 cm.

Diferença: 19 cm - 18,8496 cm = 0,1504 cm = 1,504 mm.

Conclusão: a análise gráfica mostrou um erro em excesso de 0,1504 cm ou cerca de 0,798%, em relação a 18,8496 cm*.

*0,1504 cm/18,8496 cm = 0,0079789, ou 0,0079789 x 100 = 0,79789% ou cerca de 0,8%.

4.1.2 Processo de Adam Kochanski Adamandy

Adam Kochanski Adamandy (1631-1700), foi um matemático, sacerdote jesuíta, engenheiro, físico e filósofo polonês. Em 1685 desenvolveu um processo de retificação da circunferência, utilizando régua e compasso.

Etapas do processo de Kochanski:

- Trace o diâmetro AB;
- Trace uma reta s tangente* à circunferência no ponto B, passando cerca de meio raio para a esquerda;
- Trace um arco de circunferência BO, para a esquerda, com centro em B e determine o ponto C;
- Trace a mediatriz de BC (segmento OD) e determine o ponto D na reta tangente s;
- A partir de D marque o raio OB na reta tangente por três vezes, encontrando o ponto E e
- O segmento AE mede aproximadamente metade do comprimento da circunferência (πr).

Algumas fontes citam que, neste processo, o erro é por falta e inferior a um décimo de milésimo do raio (quando utilizando um *software*, por exemplo, o AUTOCAD). Uma circunferência de raio 10 mm, tem 62,8318531 mm de comprimento; o processo atinge 62,8306668 mm.

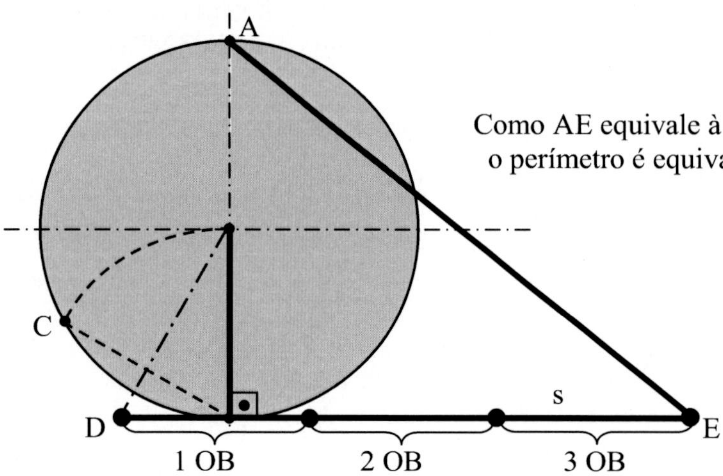

Como AE equivale à metade do perímetro da circunferência, o perímetro é equivalente a duas vezes a medida de AE.

*A reta tangente à circunferência no ponto B, forma 90º com o raio OB.

Exercício resolvido: usando o par de esquadros, o compasso e o escalímetro, determine o valor do perímetro da circunferência de diâmetro 6 cm, usando o processo de Kochanski.

1º Passo: traçar circunferência e reta tangente s

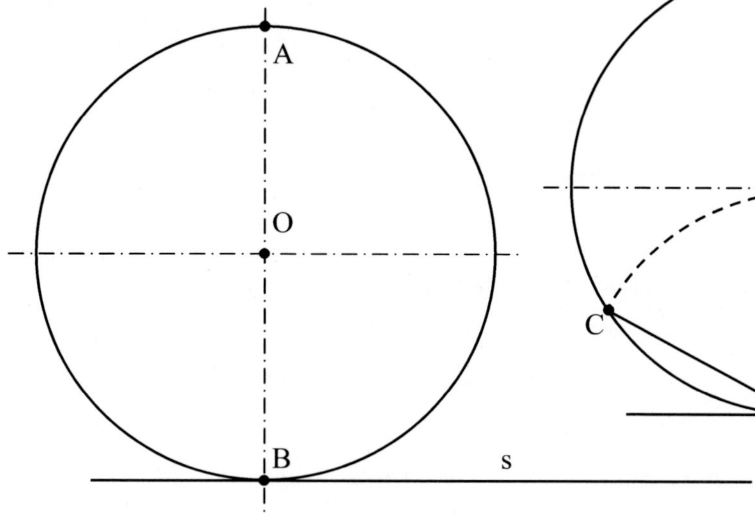

2º Passo: traçar o arco BO, marcando ponto C e determinar o segmento BC.

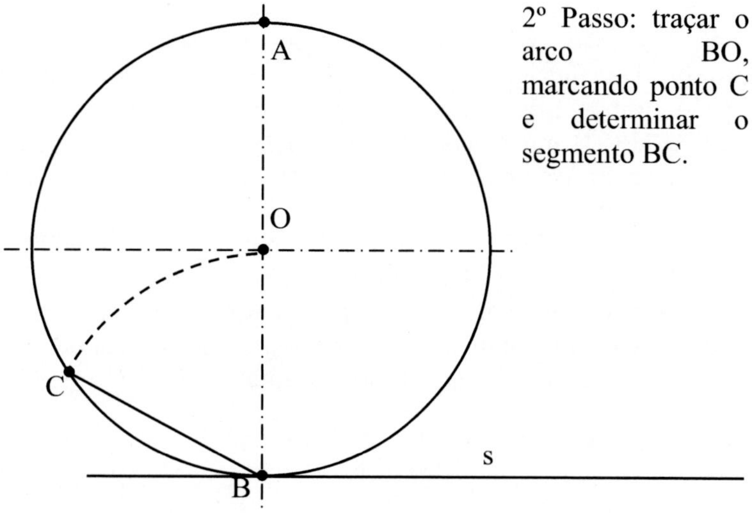

3º Passo: traçar a mediatriz de BC, determinando o ponto D, na reta tangente s.

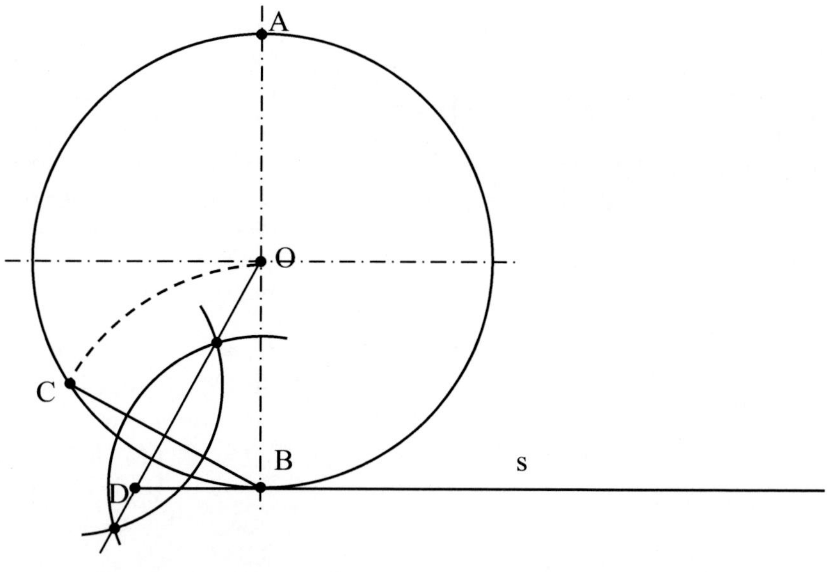

4º Passo: marco segmento OB = raio, três vezes sobre a reta s, a partir do ponto D, determinando o ponto E. AE é metade do perímetro.

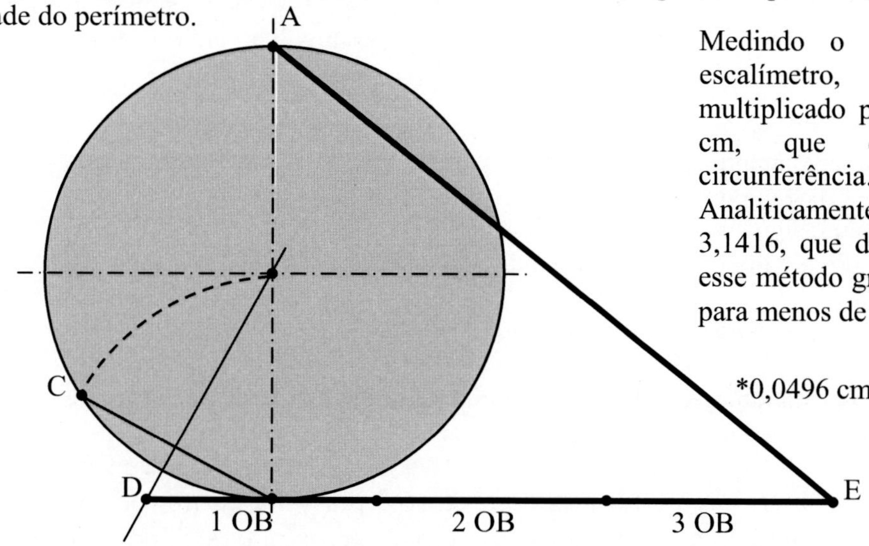

Medindo o segmento AE com o escalímetro, tem-se 9,4 cm que, multiplicado por dois resulta em 18,8 cm, que é o perímetro da circunferência.
Analiticamente o perímetro é: 6 cm x 3,1416, que dá 18,8496 cm. Ou seja, esse método gráfico deu uma diferença para menos de 0,0496 cm ou 0,26%*.

*0,0496 cm/18,8496 cm = 0,0026 ou 0,26%.

4.1.3 Processo de Arquimedes

Neste processo o diâmetro é dividido em sete partes iguais e o comprimento da circunferência é aproximadamente igual a vinte e duas dessas partes. O erro cometido é por excesso, e segundo algumas citações, é menor do que dois milésimos do diâmetro da circunferência. Uma circunferência de raio 10 mm, tem 62,8318531 mm de comprimento, pelo processo de Arquimedes, obtém-se 62,8571429 mm.
O processo de Arquimedes (287 a.C - 212 a.C) advém de uma pequena obra intitulada "Sobre as Medidas do Círculo", que consiste em apenas três proposições. Na Proposição II, Arquimedes mostra que o valor de π (pi) é maior que 223/71 (3,140845) e menor que 22/7 (3,1428571).
Em termos práticos, e do ponto de vista gráfico, a retificação pelo processo de Arquimedes consiste em desenhar a circunferência, com o diâmetro definido, e dividir esse diâmetro em sete partes iguais. A retificação, então, é equivalente a um segmento de reta de comprimento igual a 22 vezes a sétima parte do diâmetro da circunferência. Observa-se que: 22/7 = 21/7 + 1/7 = 3 + 0,1428571.

Exercício resolvido: usando o par de esquadros, o compasso e o escalímetro, determine o valor do perímetro da circunferência de diâmetro 6 cm, usando o processo de Arquimedes.

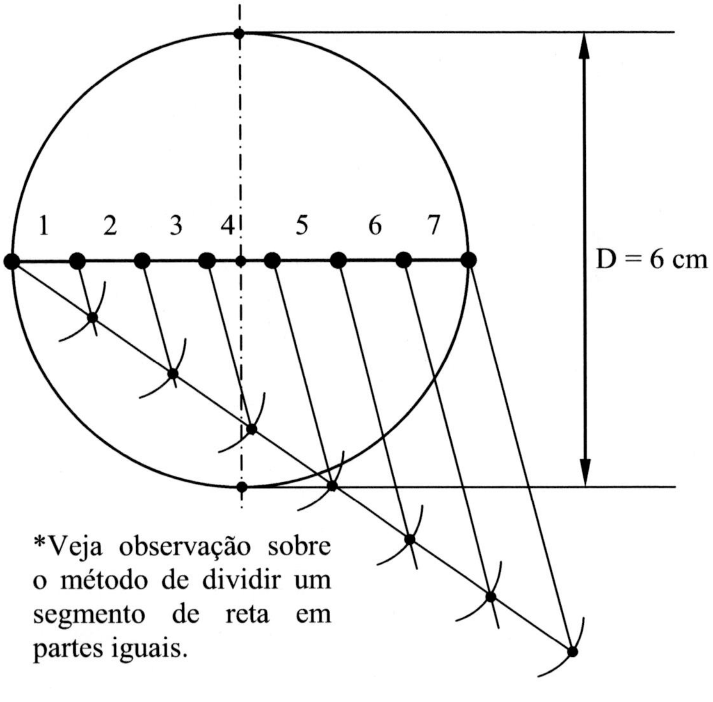

*Veja observação sobre o método de dividir um segmento de reta em partes iguais.

*O método de divisão de um segmento de reta em partes iguais é baseado na semelhança de triângulos, tendo sido descrito no parágrafo 5.10, do livro "Desenho Geométrico e Geometria II".
Como o desenho à esquerda foi feito na escala 1:1, e como a largura útil da folha do livro é menor do que 6 x 3,1416 = 18,8496 cm, a resposta do exercício é que, medindo rigorosamente cada uma das sete divisões, com o escalímetro, tem-se 0,85 cm. Este valor multiplicado por 22 dá: 0,85 cm x 22 = 18,7 cm.

Conclusão: confirma-se que, pelo método de Arquimedes, a retificação de uma circunferência resulta num valor ligeiramente menor.
De fato: 18,8496 - 18,7 = 0,1496 cm, ou seja, um erro para menos de cerca de 0,8%.

4.1.4 Processo de Specht

O matemático alemão Wilheim Otto Ludwig Specht (1907-1985) desenvolveu um processo de retificação da circunferência, como adiante descrito.

- Traçar um diâmetro AB;
- Traçar uma perpendicular ao diâmetro pelo ponto A;
- Traçar AC = AB = diâmetro da circunferência;
- Dividir o raio AO em 5 partes iguais;
- Transferir a quinta parte do raio dividido, determinando o ponto D;
- O segmento DO é igual a AE;
- Acrescentar dois quintos do raio para determinar o ponto F;
- Traçar segmento FO;
- Traçar uma paralela a FO passando pelo ponto E, determinando o ponto G e
- AG tem aproximadamente o comprimento da circunferência.

Algumas fontes citam que, o erro cometido neste processo é por falta e inferior a um milionésimo do diâmetro, isto quando executado por *softwares*, como por exemplo, o AUTOCAD.

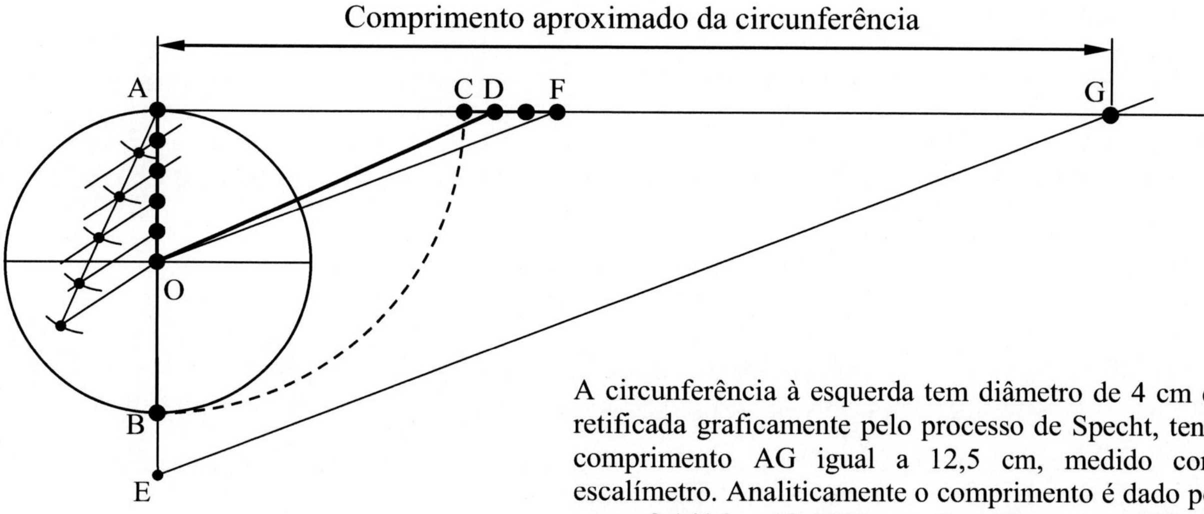

A circunferência à esquerda tem diâmetro de 4 cm e foi retificada graficamente pelo processo de Specht, tendo o comprimento AG igual a 12,5 cm, medido com o escalímetro. Analiticamente o comprimento é dado por: 4 cm x 3,1416 = 12,5664 cm. Constata-se uma diferença, para menos de 12,5664 cm - 12,5 cm = 0,0664 cm, ou seja, cerca de 0,53% de erro.

4.1.5 Regra de Mascheroni

Lorenzo Mascheroni (1750-1800) foi um italiano, professor de Matemática, que desenvolveu uma regra para determinar, graficamente, a retificação de uma circunferência, como adiante descrita.

- Trace um diâmetro AB;
- Com centro em A e depois em B, trace arcos de raio AO para determinar os pontos C e D;
- Com centro em A e depois em B, trace arcos de raio AD para determinar o ponto E;
- Com centro em C e raio CE encontre o ponto F na circunferência e
- O segmento AF mede aproximadamente um quarto do comprimento da circunferência.

Algumas fontes citam que, o erro é por excesso.

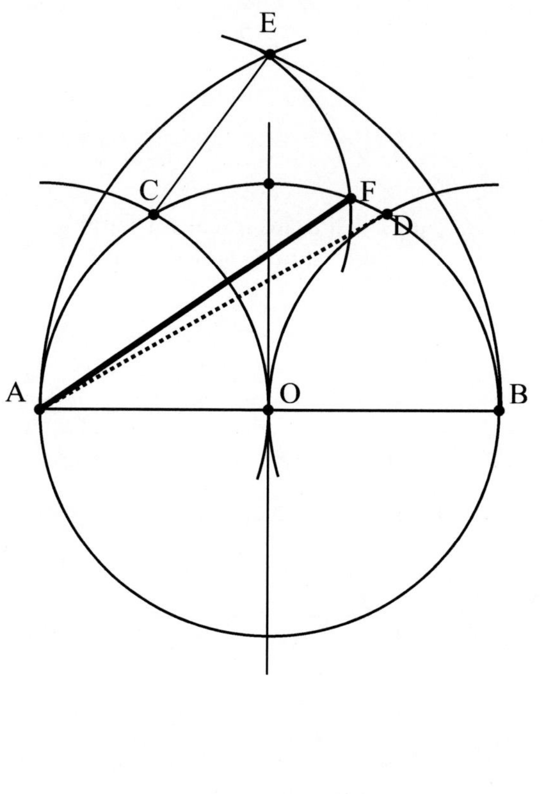

O desenho à esquerda determina o perímetro de uma circunferência de diâmetro 6 cm, pela Regra de Mascheroni. Medindo o segmento AF com o escalímetro encontra-se a medida de 4,8 cm. Como, segundo esta Regra, AF representa um quarto do perímetro da circunferência, multiplicando-se 4,8 cm por quatro encontra-se o valor de 19,2 cm.

Segundo o cálculo analítico o perímetro é igual a 6 cm vezes 3,1416, ou seja: 18,8496. Isto significa uma diferença para mais de 0,3504 cm ou cerca de 1,9%.

Observação: tanto esta Regra, quanto os demais processos de retificação de circunferências, bem como todos os desenhos que envolvem medidas "exatas", foram desenhados pelo autor em papel, usando esquadros, compasso e escalímetro. Ou seja, os resultados são frutos de construção à mão, sem uso de *softwares* específicos, como por exemplo, o CABRI. Esta é a explicação para diferenças percentuais, em relação a desenhos feitos de forma digital, ou seja, precisa.

Também é importante realçar que, todas as imagens constantes neste, e em todos os quatro volumes desta coleção de livros de "Desenho Geométrico e Geometria", foram feitas com o programa WORD.

4.1.6 Desretificação gráfica de circunferências

Desretificar uma circunferência significa pegar um determinado comprimento de um segmento e, com métodos analíticos e gráficos, determinar qual o diâmetro da circunferência que tem aquele perímetro.
No processo de Arquimedes, visto no parágrafo 4.1.3, viu-se que a retificação de uma circunferência é equivalente a 22 partes da divisão do diâmetro da circunferência em sete partes iguais, ou seja, considerando o perímetro P e o diâmetro D, tem-se:

$$\frac{P}{D} = \pi \Rightarrow D = \frac{P}{\pi}, \text{ como } \pi = \frac{22}{7} \cong 3{,}14, \text{ logo: } D = \frac{P}{\frac{22}{7}} \Rightarrow D = \frac{7}{22}P, \text{ ou seja:}$$

Para desretificar, graficamente, uma cirunferência, ou seja, descobrir o seu diâmetro, basta dividir o seu comprimento ou perímetro em 22 partes iguais e, o seu diâmetro será igual a sete (7) dessas partes.

Para desretificar, analiticamente, uma circunferência, ou seja, descobrir o seu diâmetro, basta fazer: $P = \pi D$, então: $D = \frac{P}{\pi}$. Ou seja, depende do valor utilizado de π.

Exercício resolvido: considerando um segmento AB de 16 cm de comprimento, determinar: a) O diâmetro da circunferência que tem esse perímetro. B) Desenhar a circunferência e determinar o valor do lado do triângulo equilátero inscrito à circunferência calculada.

1º Passo: desenhar o segmento AB de 16 cm e dividi-lo graficamente em 22 partes iguais.

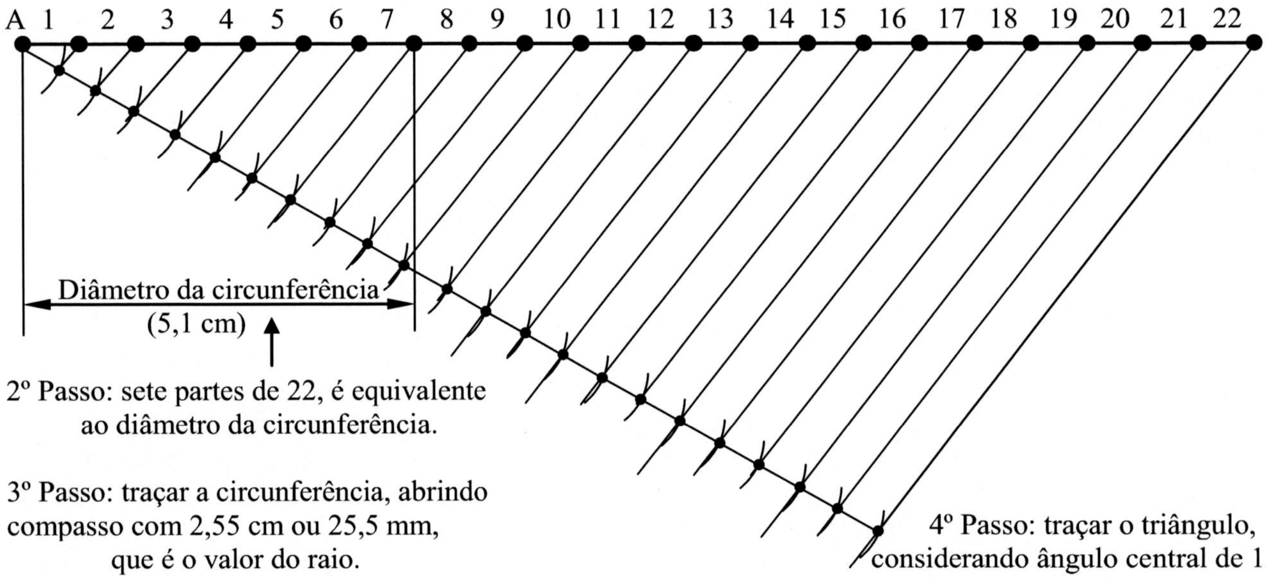

2º Passo: sete partes de 22, é equivalente ao diâmetro da circunferência.

3º Passo: traçar a circunferência, abrindo compasso com 2,55 cm ou 25,5 mm, que é o valor do raio.

4º Passo: traçar o triângulo, considerando ângulo central de 120º

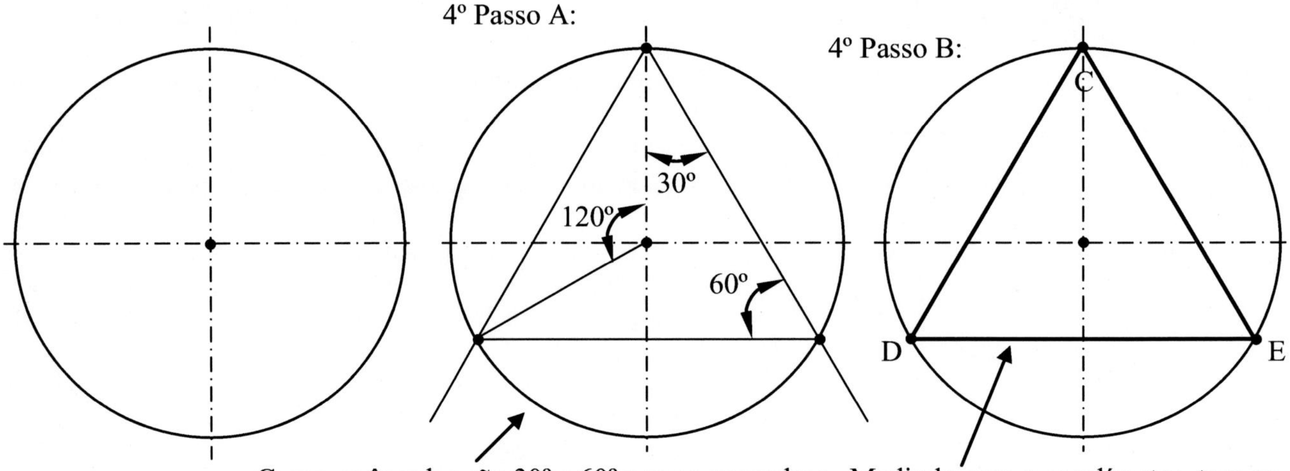

Como os ângulos são 30º e 60º uso os esquadros. Medindo com o escalímetro, tem-se cada lado medindo 4,4 cm.

Verificação do exercício de desretificação, fazendo os cálculos analíticos geométricos:

Verificação do diâmetro D

$D = \frac{P}{\pi} \Rightarrow D = \frac{16 \text{ cm}}{3{,}1416} \Rightarrow D = 5{,}09$ cm. Graficamente achou-se 5,1 cm, com um erro de cerca de 0,2%.

Verificação do lado do triângulo>

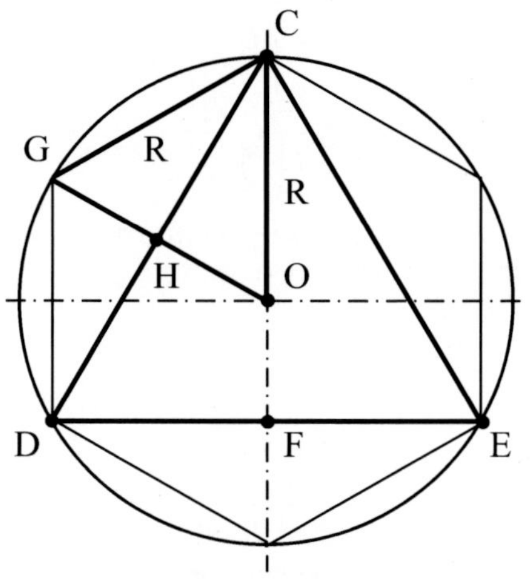

Como é um triângulo equilátero, pode-se desenhar um hexágono inscrito, cujo lado é igual ao raio R da circunferência, ou seja, 2,545 cm.
Os triângulos retângulos OHC e GHC são iguais, onde OH = GH = 0,5R ou: 1,2725 cm. DH = HC = metade do lado do triângulo inscrito.
Analisando o triângulo OHC, tem-se: $OC^2 = OH^2 + CH^2$. Ou seja:

$CH^2 = OC^2 - OH^2 \Rightarrow CH = \sqrt{OC^2 - OH^2} \Rightarrow$
$CH = \sqrt{2{,}545^2 - 1{,}2725^2} \Rightarrow CH = 2{,}204$ cm e CD = 4,408 cm.

Conclusão: o lado do triângulo inscrito mede 4,408 cm.

Comparando a medida gráfica de 4,4 cm, com a teórica de 4,408 cm, tem-se uma diferença para menos de 0,008 cm ou cerca de 0,18%.

4.1.7 Aplicações práticas de retificação e desretificação de circunferências e arcos circulares

Na vida real existem várias aplicações práticas, tanto da retificação, quanto da desretificação de circunferências e seus arcos, lembrando que um arco circular é aquele trecho de uma circunferência que não dá uma volta completa, ou seja, menor do que 360º. A seguir são mostrados exemplos.

Proteção de uma árvore

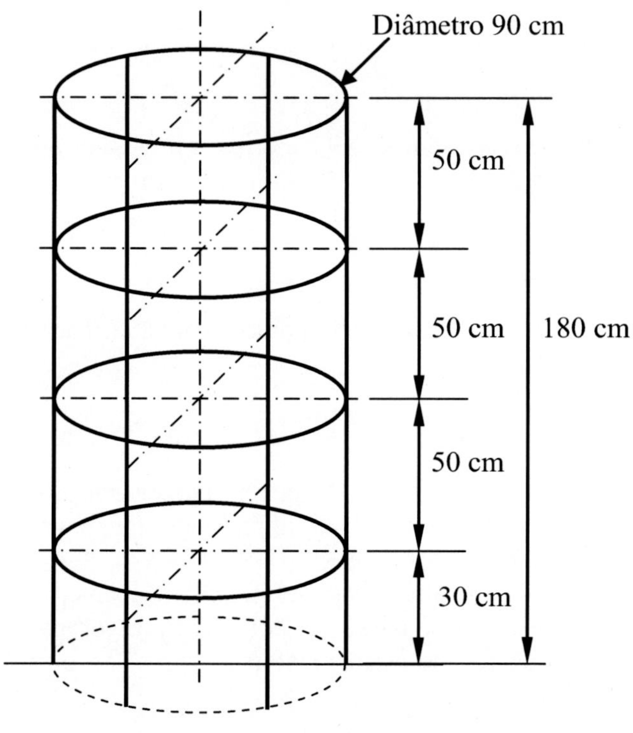

O desenho à esquerda mostra uma estrutura em vergalhão de aço, usada para a proteção de árvores. Essa estrutura tem quatro anéis circulares de diâmetro 90 cm e seis suportes verticais de comprimento 180 cm ou 1,8 m. Uma prefeitura precisa encomendar a fabricação de 50 estruturas dessas, para proteger árvores em alguns locais. Quantos metros de vergalhões serão utilizados nessas 50 estruturas?

Suportes verticais: 50 x 6 x 1,8 m = 540 metros.

Anéis circulares: 50 x 4 x π x 0,9 m = 565,49 metros.

Total, em metros, de vergalhões necessários:

540 metros + 565,49 metros = 1.105,49 metros.

Esta é a quantidade de metros de vergalhão que serão contratadas. Os anéis serão curvados e as partes verticais cortadas e tudo será soldado, formando como que uma gaiola circular, aberta encima e embaixo.

Observa-se que, em geral os vergalhões são comprados em grandes varas curvadas em duas partes. Isso significa que, para a fabricação dos anéis circulares, serão realizados processos de desretificação, ou seja, pedaços de vergalhões retas, dobrados na forma circular. Como são curvados vergalhões retos com: π x 0,9 m = 2,83 metros? Normalmente, nesse caso, faz-se um cilindro resistente em madeira, que será usado como forma. Também existem máquinas que dobram essas peças.

Corrimão em aço inoxidável

Uma agência do Instituto Nacional de Seguridade Nacional – INSS, precisa instalar, na porta de entrada, um sistema de corrimão, em tubos de aço inoxidável, para organizar as filas diárias e evitar transtornos na calçada e adjacências. O sistema de corrimão é mostrado a seguir, em dois desenhos e pergunta-se: quantos metros de tubos serão necessários?

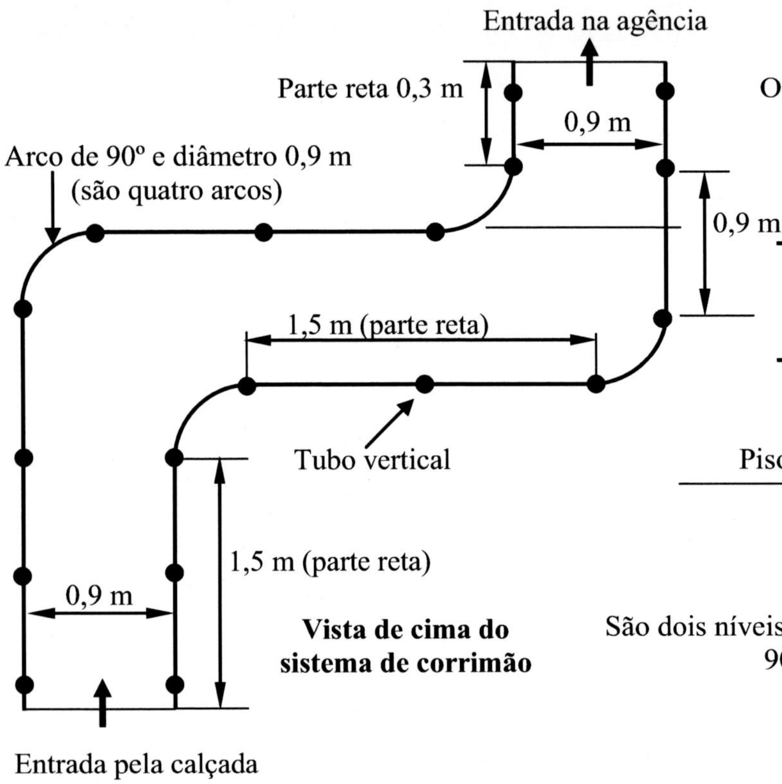

Vista de cima do sistema de corrimão

O sistema tem dois trechos na altura: corrimão e suporte horizontal.

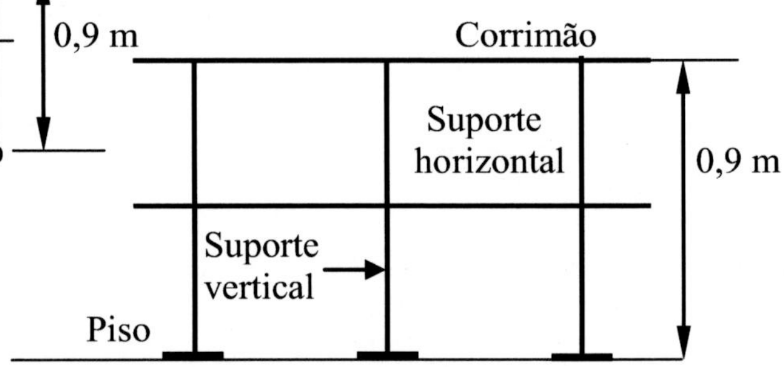

Detalhes do sistema:

São dois níveis na horizontal, portanto são oito arcos de 90º. São 18 tubos na vertical.

Cálculos e raciocínio lógico espacial geométrico:

Cada trecho reto tem 6,6 metros de comprimento, como são dois níveis, tem-se 13,2 metros. Como são oito arcos de 90º, tem-se o equivalente a duas circunferências ou: 2 x π x 0,9 metros = 5,66 metros. Como são 18 tubos na vertical tem-se: 18 x 0,9 metros = 16,2 metros.

Conclusão: serão necessários 35,06 metros de tubos de aço inoxidável.

Observa-se que, o corte, curvatura e soldagem de tubos de aço inoxidável são operações de fabricação especial, tendo que ser feitas em indústrias especializadas.

4.2 Tangências a circunferências, triângulos e ângulos

Do ponto de vista da Geometria, tangenciar significa tocar em um único ponto. Uma reta tangente a uma circunferência a toca em um único ponto, chamado ponto de tangência. Duas circunferências tangentes, também só se tocam em um único ponto. Veja exemplos a seguir.
É importante observar que todas, e cada uma das tangências a seguir abordadas, contemplam apenas as construções geométricas, ou seja, o traçado gráfico, uma vez que as demonstrações teóricas, tipo teoremas, regras e leis, além de mais complexas, superam os conhecimentos do Ensino Fundamental.

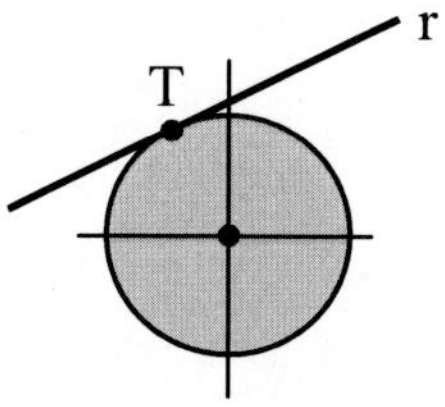

Reta r tangente
à circunferência no ponto T

Circunferência tangente
interna a um ângulo

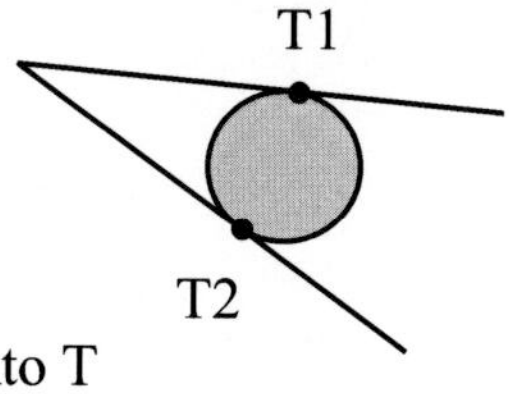

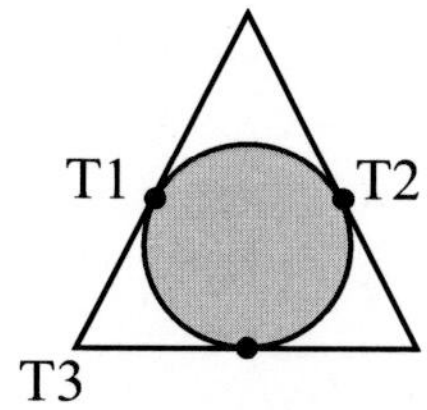

Circunferência tangente
aos lados de um triângulo

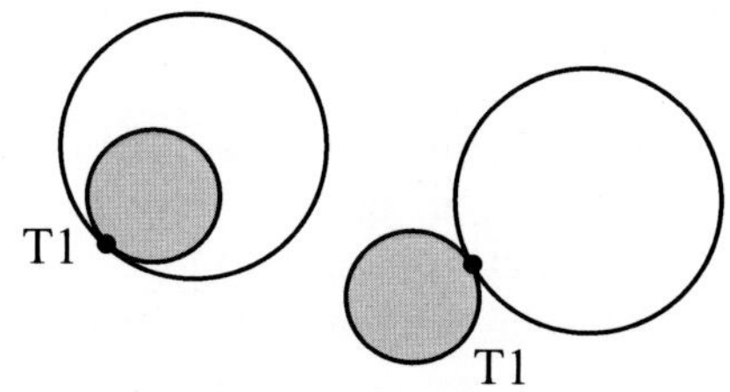

Circunferências tangentes,
interna e externamente

4.2.1 Retas tangentes a circunferências

Para além dos estudos geométricos, tangentes a circunferências têm aplicações práticas, como por exemplo, no exercício anterior sobre o corrimão em tubos de aço inoxidável.
Uma das propriedades de uma tangente a circunferência é que a reta perpendicular à tangente no ponto de tangência passa pelo centro da circunferência, como a seguir mostrado.

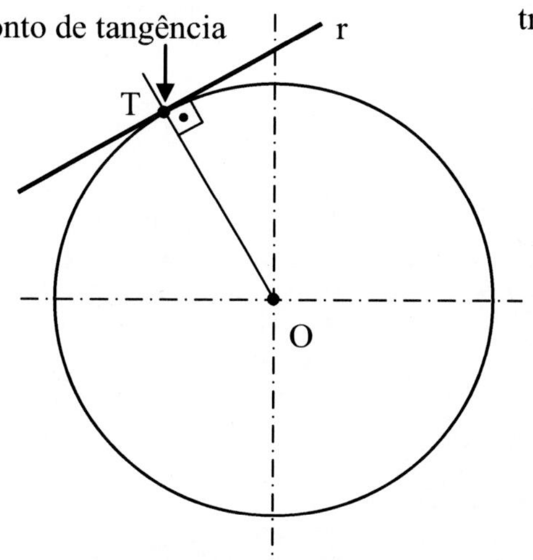

Exercício resolvido: Em uma circunferência de diâmetro 2 cm, traçar uma reta tangente no ponto de ângulo trigonométrico de 150º.

1º Passo: traço a circunferência e defino os quatro principais ângulos trigonométricos. 2º Passo: com o par de esquadros, traço um ângulo de 30º, para a esquerda e para cima. 3º Passo: com o par de esquadros traço uma reta perpendicular (é a reta tangente), no ponto onde a linha do ângulo de 30º intercepta a circunferência.

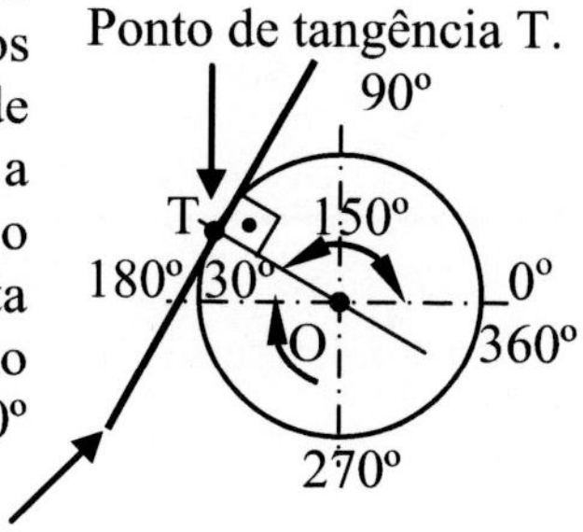

4.2.2 Circunferências tangentes entre si: interna e externamente

Os exemplos a seguir mostram tangências interna e externa entre circunferências.

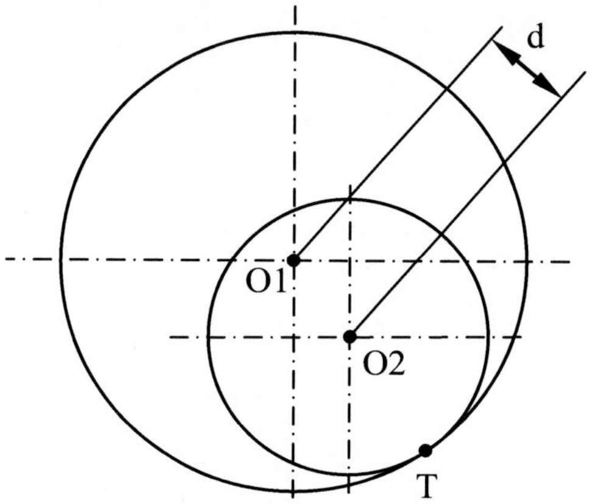

Em geral, problemas envolvendo estes tipos de tangências, além dos raios das circunferências, relacionam-se com as distâncias d entre centros.

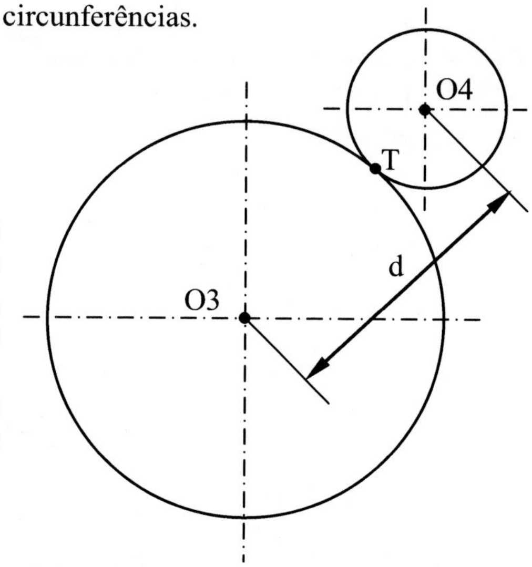

Circunferências de raios R1 e R2, onde R1 > R2.

Circunferências de raios R3 e R4, onde R3 > R4.

4.2.3 Retas tangentes a uma circunferência, partindo de um ponto P fora da mesma

A imagem à direita ilustra o que será detalhado, sendo que esta construção geométrica tem duas interpretações:
A) Retas tangentes a partir de um ponto P ou
B) Circunferência tangente internamente a um determinado ângulo α.

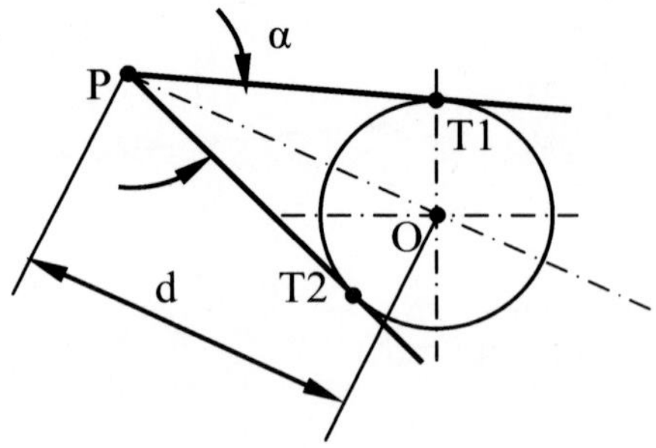

Retas tangentes a partir de um ponto P

Passo a passo para traçar duas retas tangentes a uma circunferência de diâmetro 4 cm, a partir de um ponto P, distante 6 cm do centro da circunferência.

1º Passo: defino a localização do ponto P e traço segmento de reta PO com 6 cm de comprimento.

2º Passo: pelo ponto O, centro da circunferência, usando o par de esquadros, traço duas retas perpendiculares e traço a circunferência, abrindo com 2 cm, que é o raio da circunferência.

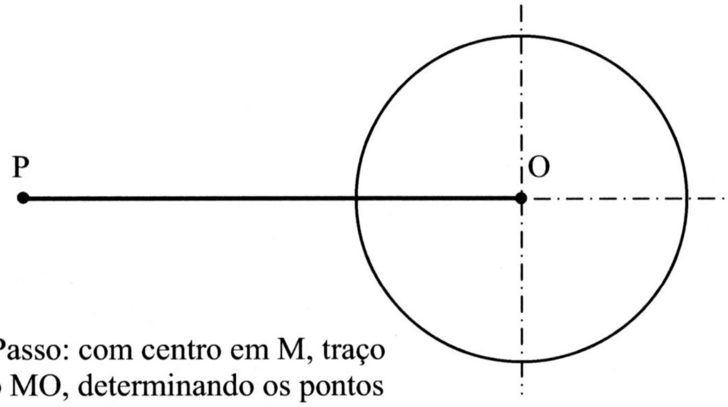

3º Passo: determino a mediatriz M do segmento PO.

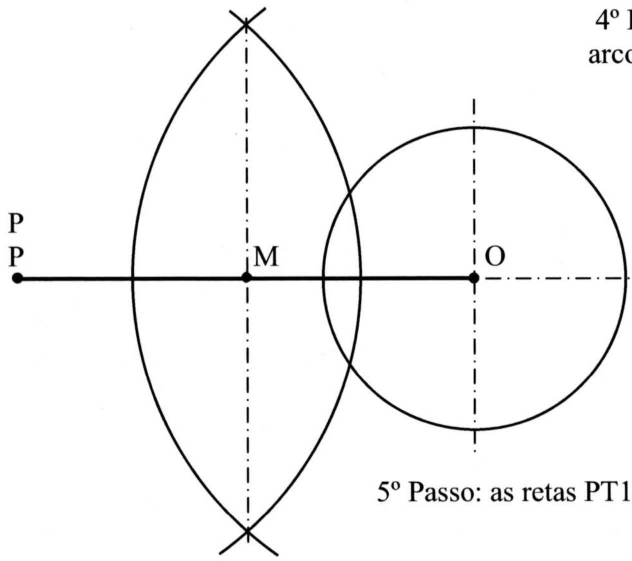

4º Passo: com centro em M, traço arco MO, determinando os pontos de tangência T1 e T2.

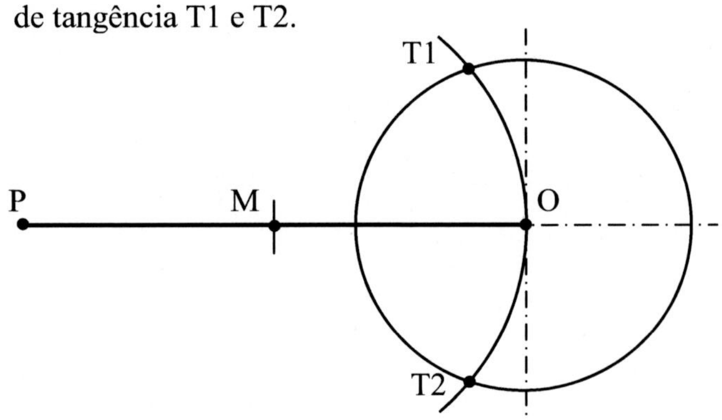

5º Passo: as retas PT1 e PT2 são as tangentes à circunferência.

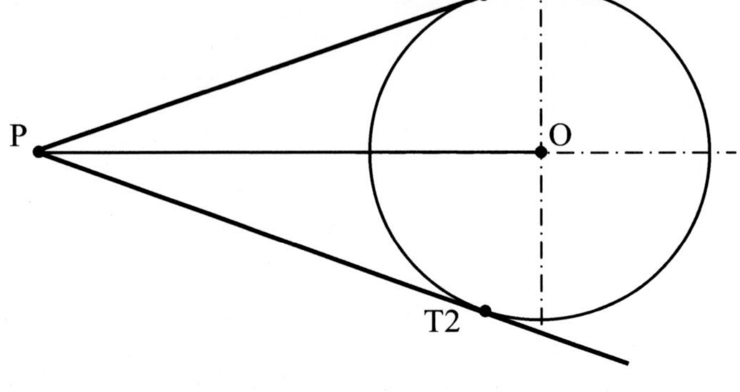

Circunferência tangente internamente a um determinado ângulo α:

Passo a passo para traçar uma circunferência de diâmetro 2 cm tangente internamente aos lados de um ângulo de 30º.

1º Passo: traço o ângulo de 30º, com o par de esquadros.

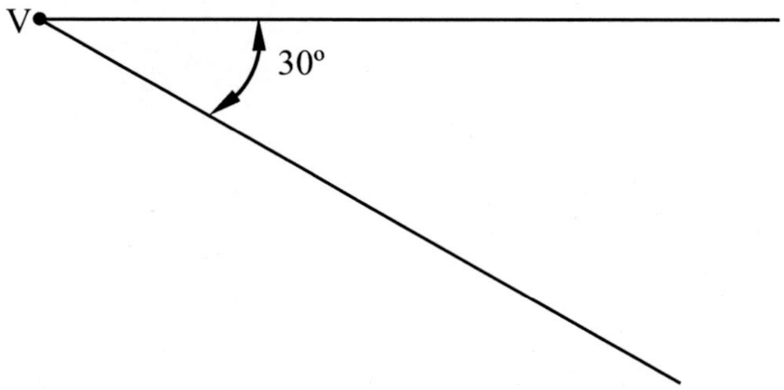

2º Passo: traço a bissetriz do ângulo de 30º.

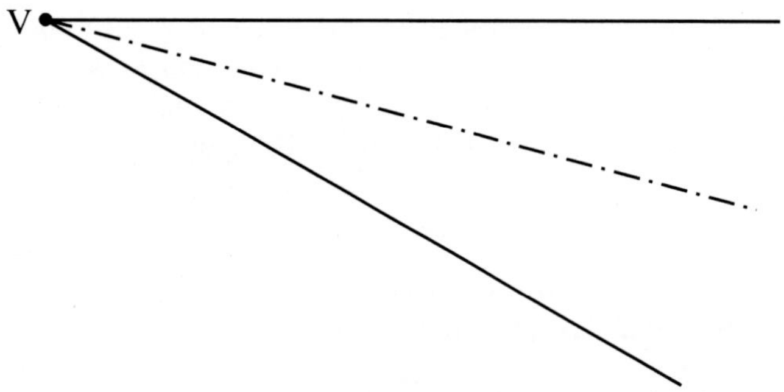

3º Passo: afastado do vértice V, com o par de esquadros, traço perpendiculares aos lados do ângulo.

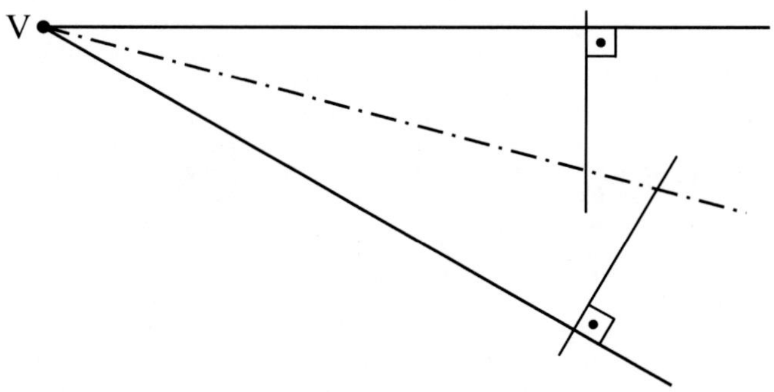

4º Passo: sobre cada perpendicular, com o compasso marco 1 cm, ou seja, o raio da circunferência.

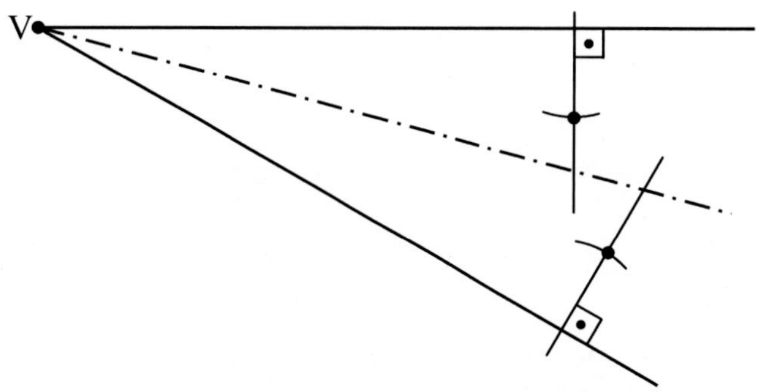

5º Passo: traço paralelas aos lados do ângulo, passando pelos pontos marcados nas perpendiculares.

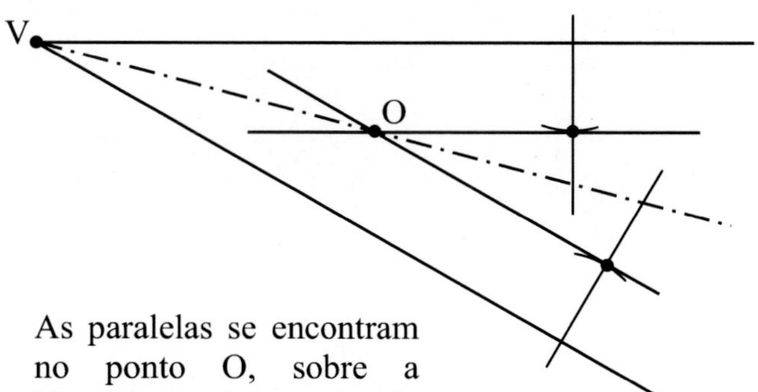

As paralelas se encontram no ponto O, sobre a bissetriz, sendo o centro da circunferência.

6º Passo: pelo ponto O, traço perpendiculares aos lados do ângulo, determinando os pontos de tangência T1 e T2.

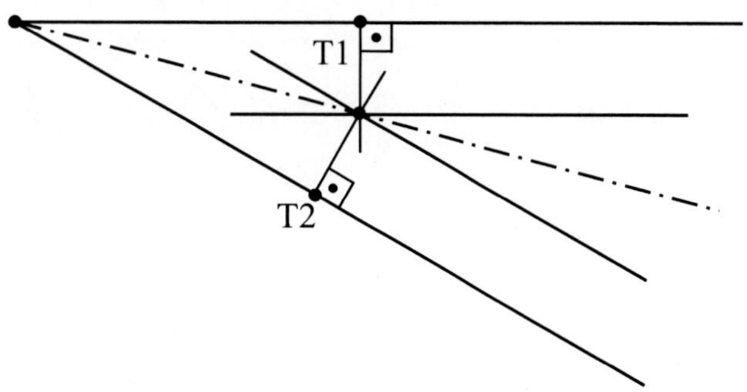

7º Passo: traço a circunferência tangente aos lados.

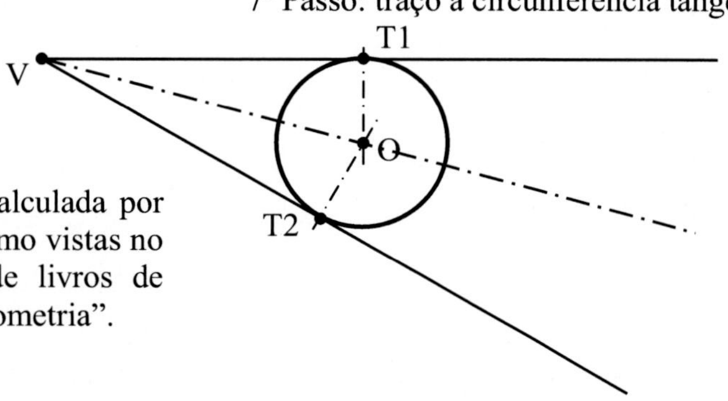

A distância VO pode ser calculada por análises trigonométricas, como vistas no volume 4 desta coleção de livros de "Desenho Geométrico e Geometria".

4.2.4 Retas tangentes exteriores a duas circunferências excêntricas e afastadas

A imagem à direita ilustra o que será detalhado, onde os dados de entrada ou início do desenho são: os diâmetros das circunferências e a distância d entre os seus centros.

As posições das circunferências podem ser quaisquer, uma vez que o passo principal é traçar, e prolongar, a linha que une os dois centros. Esta linha deve ser um pouco maior do que a soma da distância d com os valores dos dois raios das circunferências.

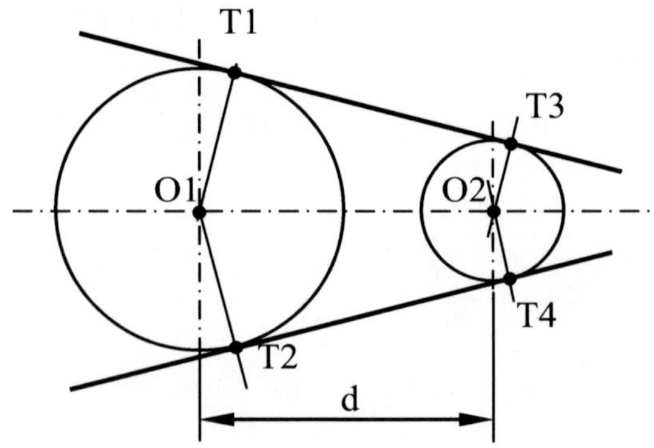

Passo a passo para traçar duas retas tangentes a duas circunferências de diâmetros 3 cm e 1 cm, com seus centros distantes de 4 cm (medida d).

1º Passo: traço um segmento de reta com 7 cm de comprimento, marcando os centros O1 e O2 das circunferências, distantes de 4 cm.

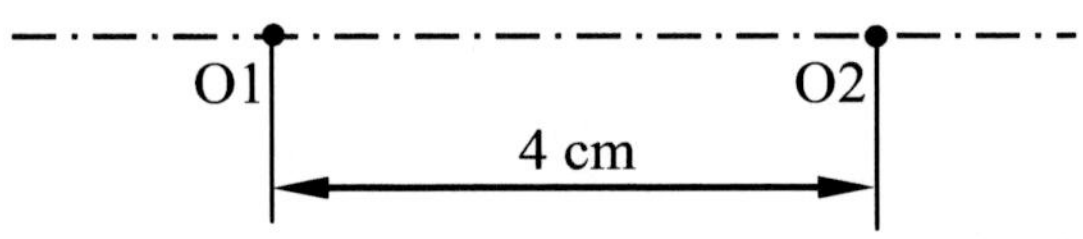

2º Passo: traço perpendiculares à linha O1O2, passando pelos centros O1 e O2. Traço as circunferências, conforme o valor de cada raio.

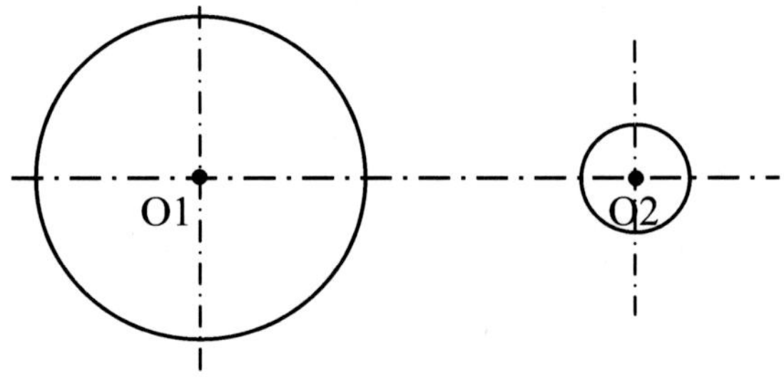

3º Passo: traço duas retas, um cada circunferência, de forma a passarem pelos centros, de forma que sejam paralelas e definindo os pontos A e B.

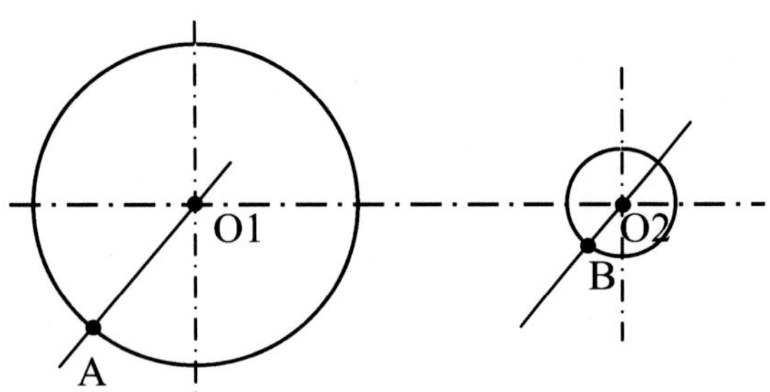

4º Passo: prolongo a reta O1O2, uno os pontos A e B, prolongando a reta AB, até interceptar a reta O1O2, determinando o vértice V.

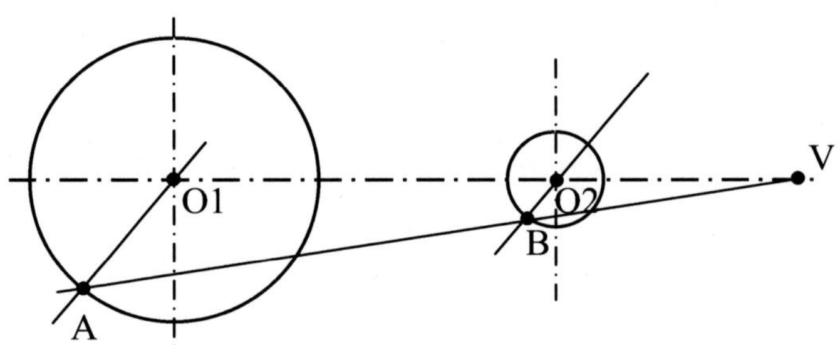

5º Passo: traço a mediatriz do segmento O2V determinando o ponto M.

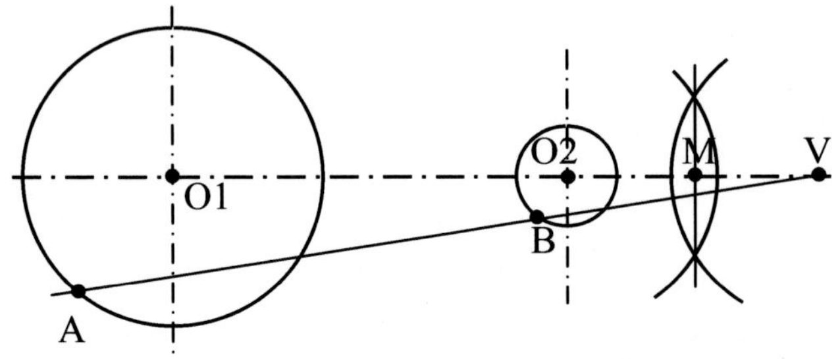

6º Passo: com centro em M e raio MO2, traço um arco, determinando os pontos C e D, na circunferência de menor diâmetro.

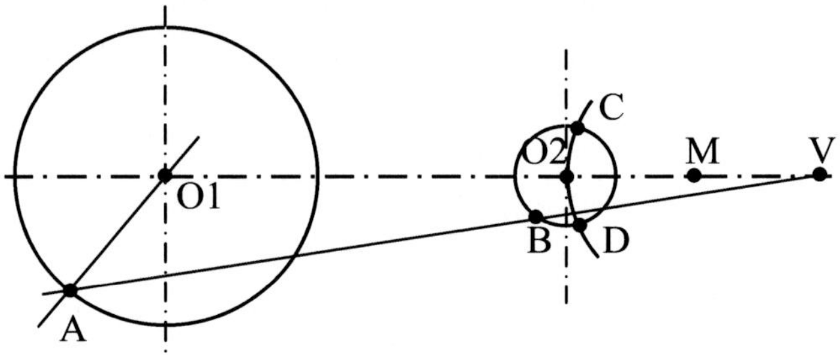

Os pontos C e D são de tangências e as retas prolongadas VC e VD são as tangentes procuradas.

7º Passo: traço as retas prolongadas VC e VD, agora VT1 e VT2, finalizando o problema, com as duas tangentes pedidas.

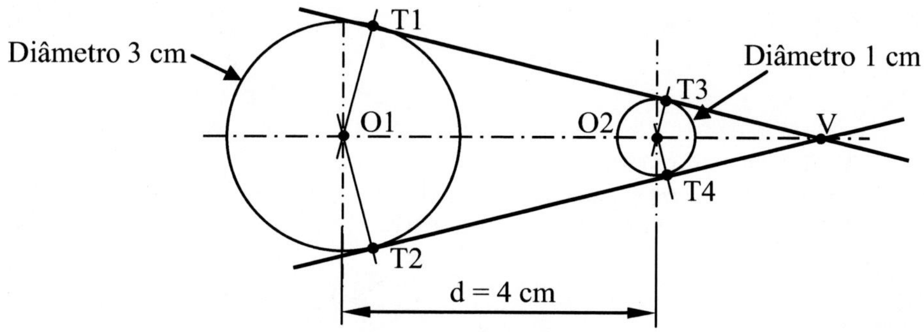

4.2.5 Retas tangentes interiores a duas circunferências excêntricas e afastadas

A imagem à direita ilustra o que será detalhado, onde os dados de entrada ou início do desenho são: os diâmetros das circunferências e a distância d entre os seus centros. As posições das circunferências podem ser quaisquer,

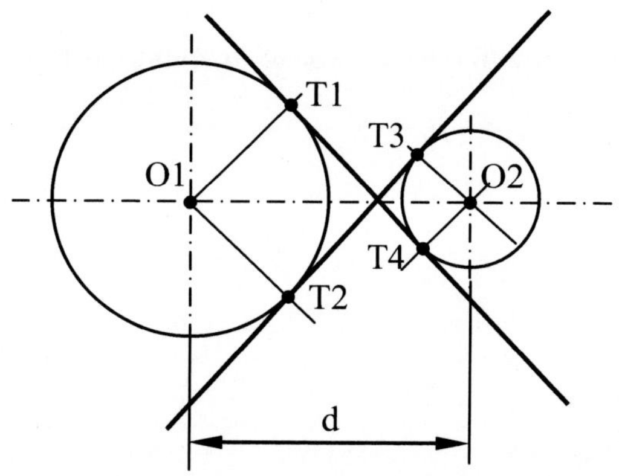

Passo a passo para traçar duas retas tangentes a duas circunferências de diâmetros 3 cm e 1 cm, com seus centros distantes de 4 cm (medida d).

1º Passo: traço um segmento de reta com 7 cm de comprimento, marcando os centros O1 e O2 das circunferências, distantes de 4 cm.

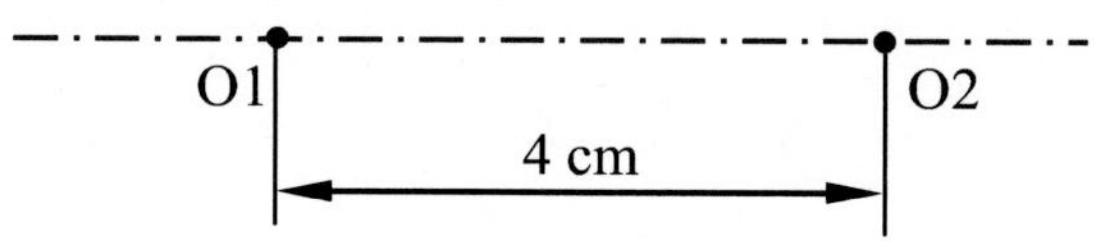

2º Passo: traço perpendiculares à linha O1O2, passando pelos centros O1 e O2. Traço as circunferências, conforme o valor de cada raio.

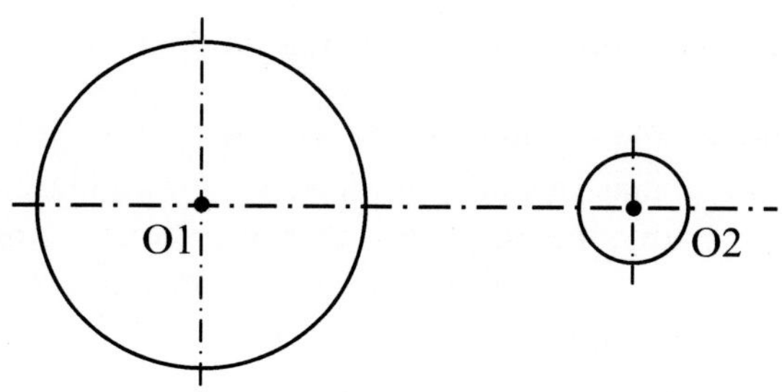

3º Passo: traço uma circunferência concêntrica à maior, com raio igual à soma dos dois raios, ou seja: de raio igual a 2 cm.

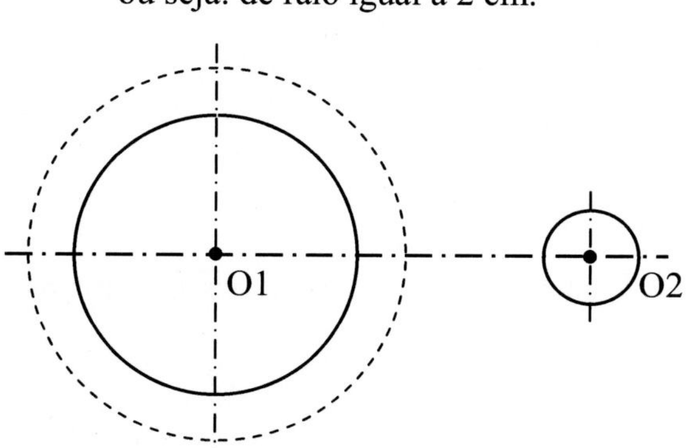

4º Passo: traço a mediatriz do segmento O1O2. Faço centro em M e com raio MO1, determino os pontos A e B, na circunferência excêntrica de raio 2 cm.

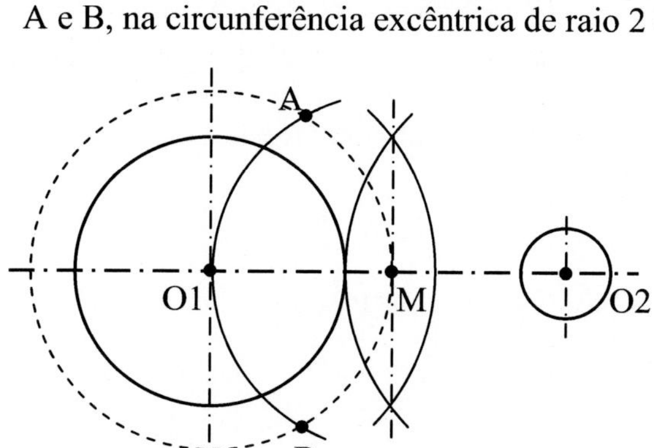

5º Passo: uno os pontos A e B ao centro O1, obtendo os dois primeiros pontos de tangência.

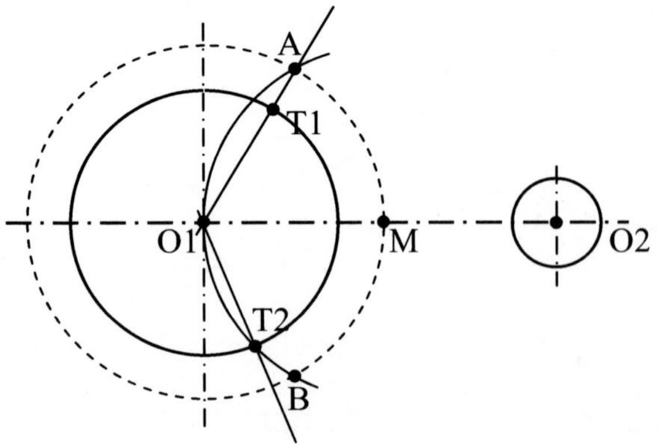

6º Passo: traço paralelas aos segmentos AO1 e BO1, passando por O2, obtendo os outros pontos de tangência.

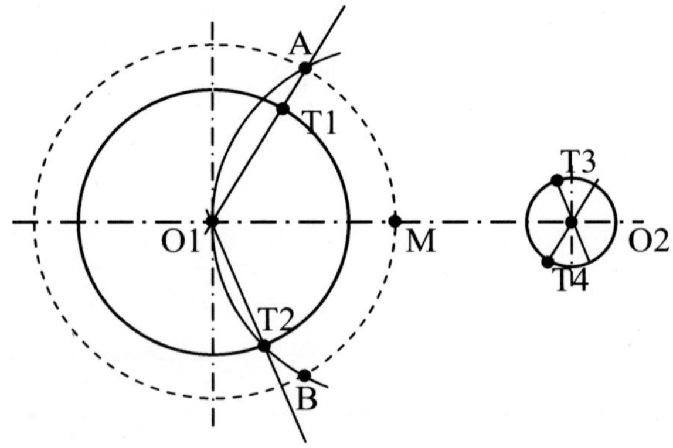

7º Passo: finalizo a construção, traçando as tangentes T1T4 e T2T3.

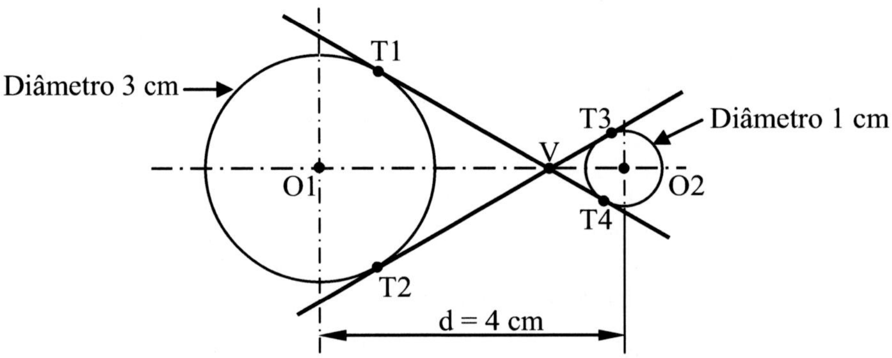

4.2.6 Três circunferências inscritas, tangentes entre si, e à outra circunferência maior

A imagem à direita ilustra o que será detalhado, onde o dado de entrada, e único, é o diâmetro da circunferência à qual se quer inscrever as três circunferências menores, de forma a serem tangentes entre si e também tangentes à circunferência maior.
Observa-se que a posição das três circunferências podem ser qualquer, tendo sido colocadas como aqui indicadas, apenas para efeito visual.
Observa-se que este tipo de construção geométrica tem várias aplicações práticas, dentre as quais na área da Engenharia de Tubulações industriais, quando se quer, por exemplo, que três tubos de mesmo diâmetro sejam envoltos por um outro maior, nos tubos menores circula um tipo de fluido e no maior um fluido diferente.

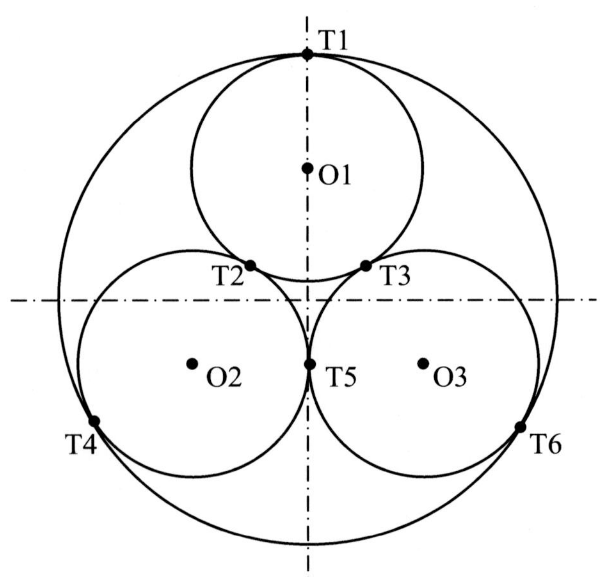

Passo a passo para traçar três circunferências inscritas, tangentes entre si, e à outra circunferência maior de diâmetro 6,5 cm.

1º Passo: traço a circunferência de diâmetro 6 cm, marcando ponto T1.

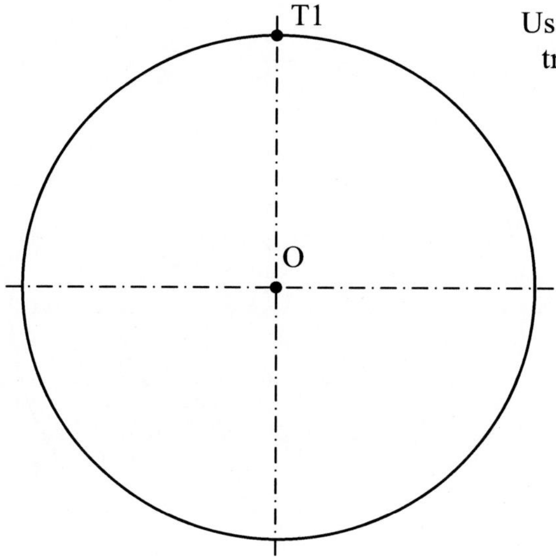

2º Passo: a partir do ponto T1, divido a circunferência em três partes iguais.

Usar esquadros, para traçar os ângulos.

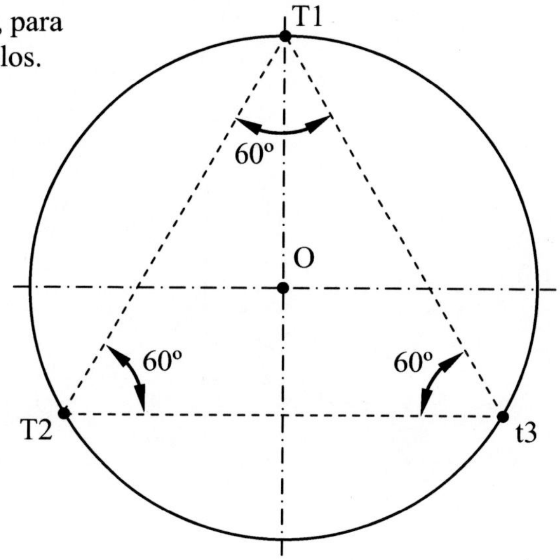

3º Passo: traçam-se os raios OT1, OT2 e OT3, prolongando OT1 para fora e para baixo.

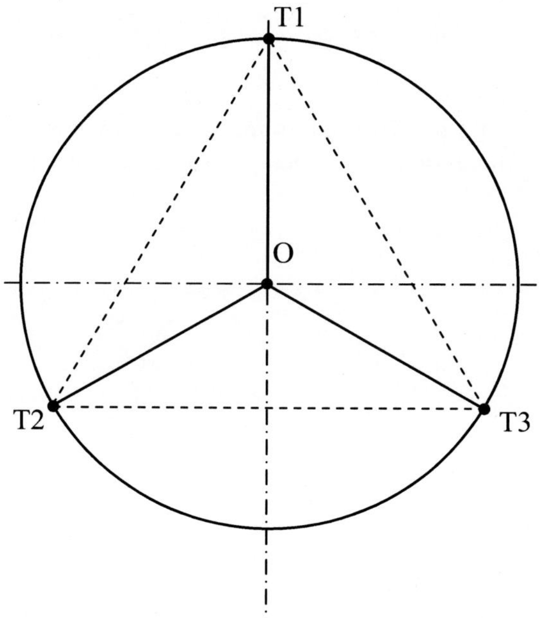

4º Passo: traço tangente ao ponto T2, prolongando-a até encontrar o prolongamento da reta OT1, no ponto A.

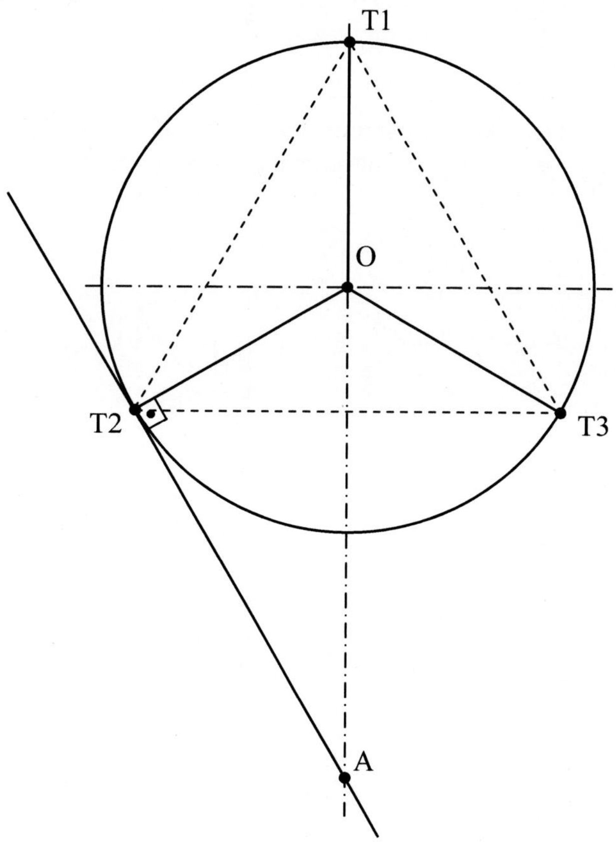

5º Passo: com centro em A e raio AT2 traça-se um arco, encontrando o ponto B, sobre AT1.

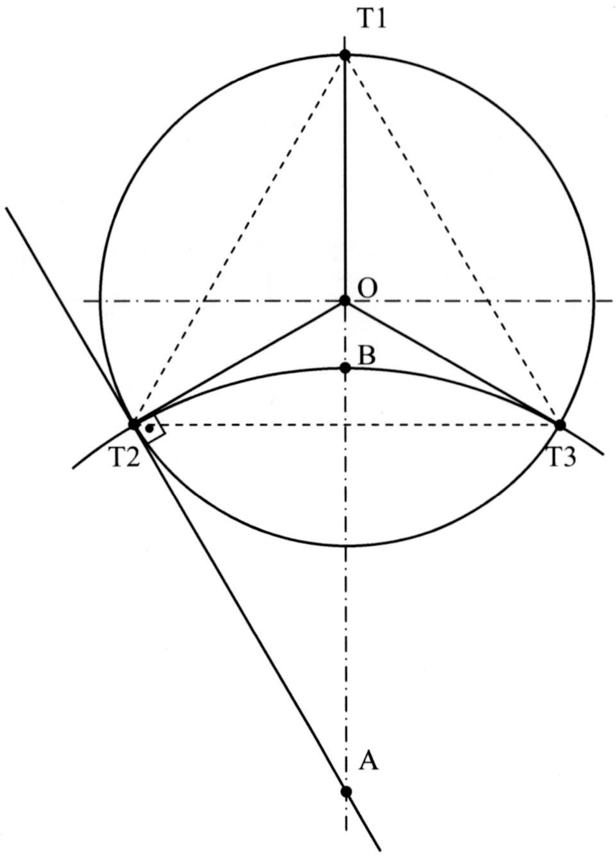

6º Passo: traço uma perpendicular pelo ponto B, determinando os pontos O2 e O3, centros das circunferências inferiores.

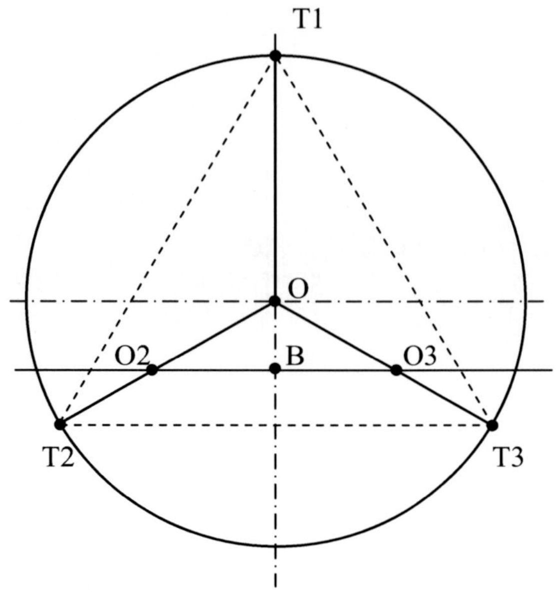

7º Passo: traço as circunferências O2 e O3, com raios O2T2 e O3T3. a circunferência de raio OO2 = OO3 determina o centro O1 da circunferência superior.

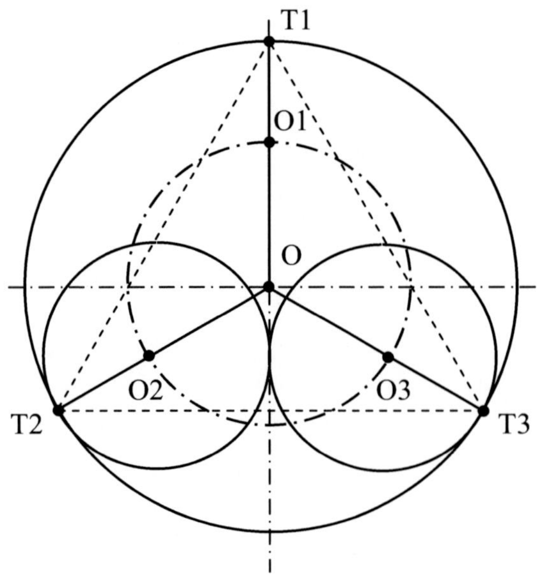

8º Passo: traço a circunferência superior, terminando a construção geométrica proposta.

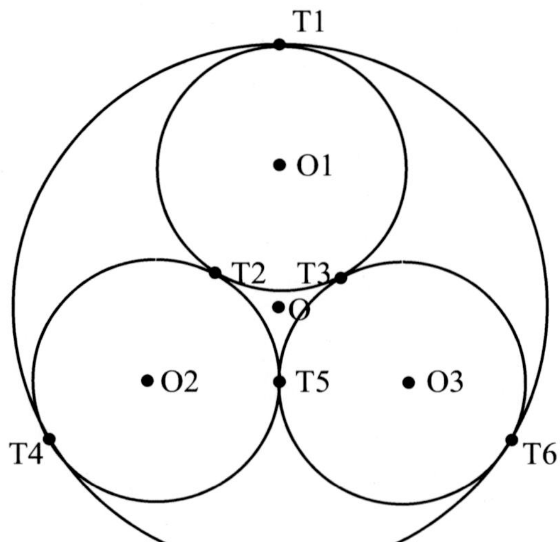

Observa-se que, enquanto a circunferência maior tem 6,5 cm de diâmetro, as três circunferências tangentes internamente têm diâmetro medido com o escalímetro de 3 cm.

4.2.7 Circunferência tangente a três retas, unidas duas a duas

Dadas as três retas AB, BC e CD, traçar uma circunferência que seja tangente às três.

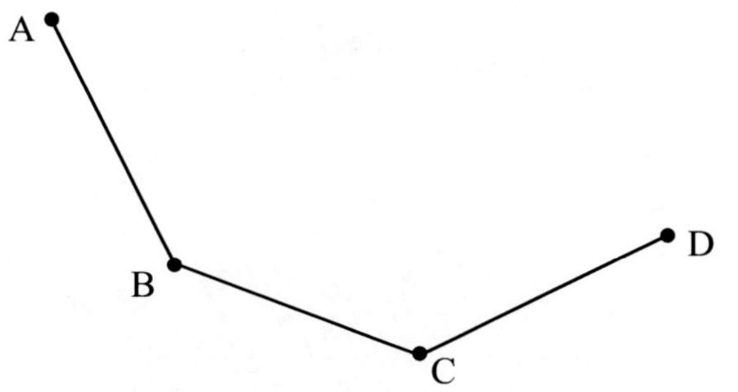

1º Passo: traço as bissetrizes dos dois ângulos.

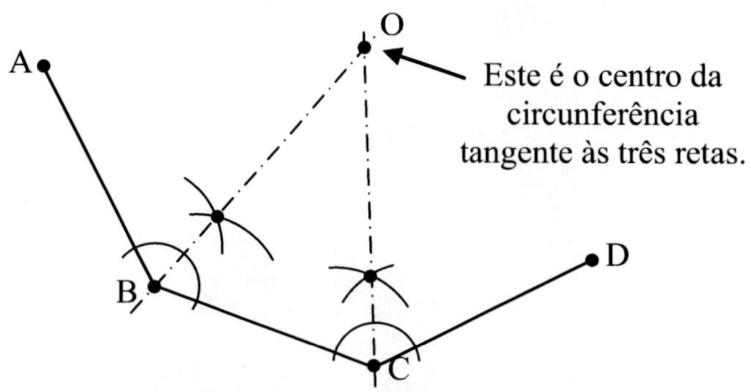

2º Passo: traço perpendiculares à cada reta,
Determinando os pontos de tangências T1, T2 e T3.
Os segmentos OT1 = OT2 = OT3, equivalem ao raio.

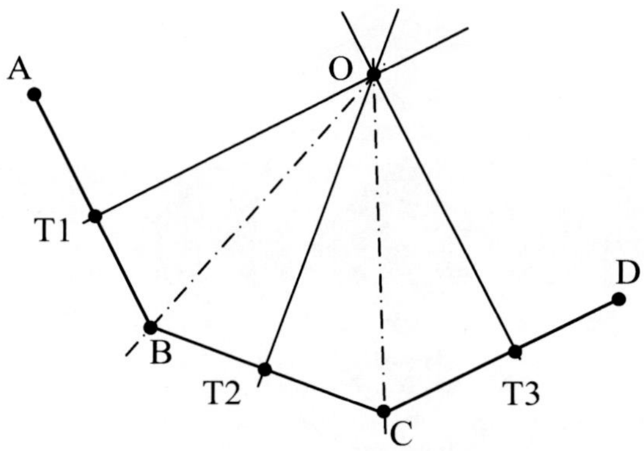

3º Passo: finalizo a circunferência,
tangente às três retas dadas.

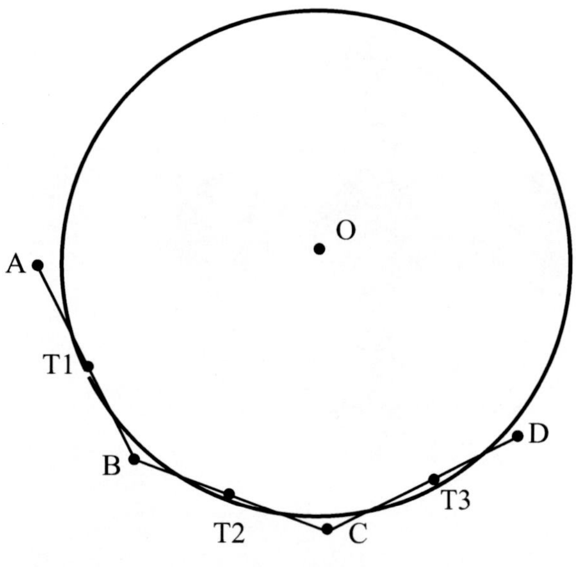

4.3 Exercícios propostos (utilizando esquadros, compasso e escalímetro)

4.3.1) Traçar duas retas tangentes a duas circunferências de diâmetros 4 cm e 2 cm, com seus centros distantes de 7 cm (medida d).

4.3.2) Determine o valor do perímetro da circunferência de diâmetro 5 cm, usando o processo de Arquimedes.

4.3.3) Traçar uma circunferência de diâmetro 3 cm tangente internamente aos lados de um ângulo de 45º.

4.3.4) Traçar a circunferência tangente às retas mostradas a seguir:

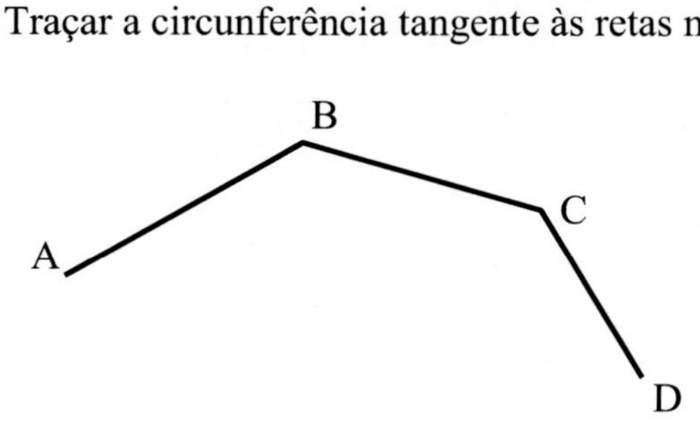

4.4 A Arte Geométrica das retificações e tangências em circunferências

Capítulo 5
Corpos redondos: cilindro, cone e esfera. Áreas e volumes. Aplicações práticas

Corpos redondos são os sólidos que têm partes curvas e, nesse capítulo, serão estudados os cilindros e cones circulares, bem como as esferas. Para além de exercícios matemáticos, e aplicações nas artes e no *design*, com aplicações diretas das fórmulas, especialmente de áreas e volumes desses corpos, aqui também serão citados diversos exemplos de aplicações práticas. Cilindros são usados como tubos, equipamentos, corpos de panelas e embalagens. Cones são usados como funis, fundos de equipamentos e embalagens. Esferas são usadas como bolas de futebol, equipamentos para estocagem de fluidos e na Arquitetura.

5.1 Cilindros circulares

Cilindros ou superfícies cilíndricas são geradas por uma reta móvel (denominada geratriz) que se apóia sobre uma curva fixa (denominada diretriz), conservando-se paralela a uma direção dada. Observa-se que também existem cilindros elípticos, parabólicos e hiperbólicos, que não são objeto de estudo no Ensino Fundamental. Cilindros circulares podem ser retos ou oblíquos, conforme seus eixos sejam perpendiculares ou inclinados em relação ao plano de base. Existem muitos exemplos de utilizações práticas de cilindros, principalmente na forma de tubulações, bem como em latas de refrigerantes, embalagens de óleos vegetais e lubrificantes, copos de vidro, extintores de incêndio e também na Arquitetura, em especial como colunas ou pilotis circulares.

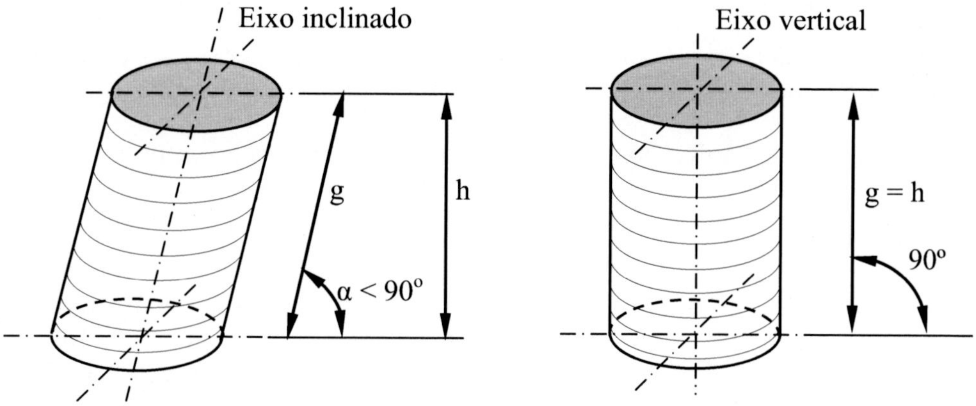

Cilindro oblíquo

Cilindro reto

g = geratriz.
h = altura.
r = raio.
d = diâmetro.

Quando a altura é igual ao diâmetro, o cilindro é dito equilátero.

Exemplo prático de uso de cilindros circulares na Arquitetura/Engenharia Civil

A Arquitetura e a Engenharia Civil usam muito o conceito de cilindros, principalmente na forma de colunas de sustentação ou pilotis. Essas áreas também utilizam cilindros metálicos, no formato de tubulações, fabricados a partir de chapas planas. No Rio de Janeiro existe um belo exemplo de como a arquitetura utiliza estruturas metálicas, com tubos metálicos, aqui se fala da estação Cidade Nova, do Metrô, no Centro da Cidade e em frente à sede da Prefeitura do município.

5.1.1 O desenho geométrico de cilindros circulares em três dimensões

Quando se observa os desenhos dos cilindros acima, nota-se que, para dar a "impressão" de se ter um desenho tridimensional (altura, largura e profundidade), de um cilindro circular, constata-se que, tanto a parte superior, quanto a inferior estão representadas por elipses que, para serem desenhadas, especialmente as de pequenas dimensões, exigem um processo de desenho com vários passos. Para os objetivos do estudo dos cilindros circulares no Ensino Fundamental, o autor recomenda o uso de "gabaritos de elipses", que são pequenos retângulos de plásticos, normalmente, na cor verde, com diversas elipses marcadas no seu interior. Em verdade é uma placa de plástico, com diversos furos no formato de elipses.

5.1.2 Planificação de cilindros e troncos de cilindros retos circulares

Do ponto de vista de aplicações práticas, os cilindros podem ser fechados com tampas, como numa lata de óleo vegetal, abertos, como em tubulações ou com fundo e parte superior aberta, como numa lata de lixo circular. Cilindros abertos, por exemplo, tubos, são planificados a partir da retificação de uma circunferência.

Exercício resolvido: desenhar e calcular analiticamente a planificação de um cilindro circular reto aberto ou sem tampas com diâmetro de 50 cm e altura de 80 cm.

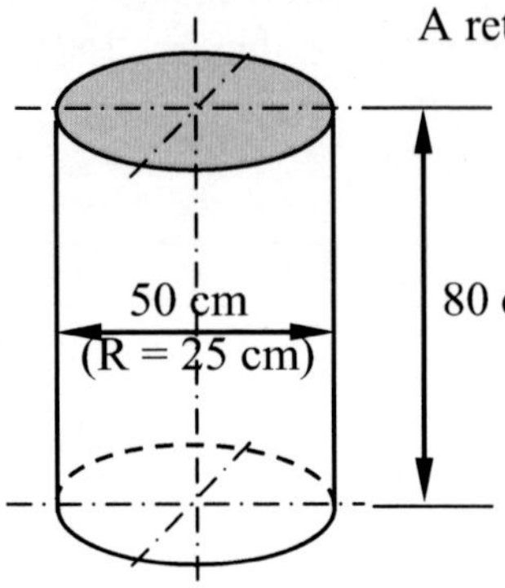

A retificação analítica é igual a $2\pi R = 2 \times 3{,}14 \times 25$ cm = 157 cm = 1,57 m.

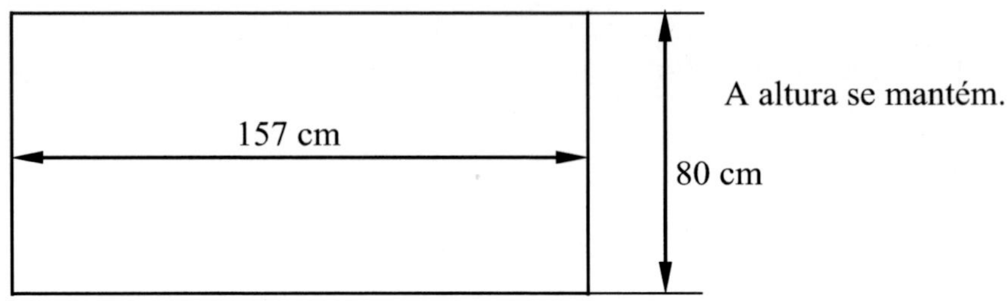

O desenho geométrico dessa planificação é simplesmente o desenho de um retângulo, usando o par de esquadros. Como as dimensões são bem maiores que as da folha A4, é necessário o uso de uma escala de redução. Nesse caso, usando o escalímetro, pode ser utilizada a escala de 1:25, onde a largura real de 157 cm ficará com 6,28 cm e a altura real de 80 cm ficará com 3,2 cm.

Uma interpretação prática dessa planificação é que, caso se queira fabricar um cilindro aberto, com 80 cm de altura e diâmetro 50 cm, precisa-se de uma chapa plana com 157 cm de comprimento e 80 cm de largura.

Exercício resolvido: a) caso se queira a planificação do cilindro anterior, porém fechado, ou melhor, com tampas, no fundo e no topo, tem-se o corpo igual ao anterior e duas circunferências, uma encima e outra embaixo, como a seguir mostrado e b) determinar analiticamente a área total desse cilindro fechado.

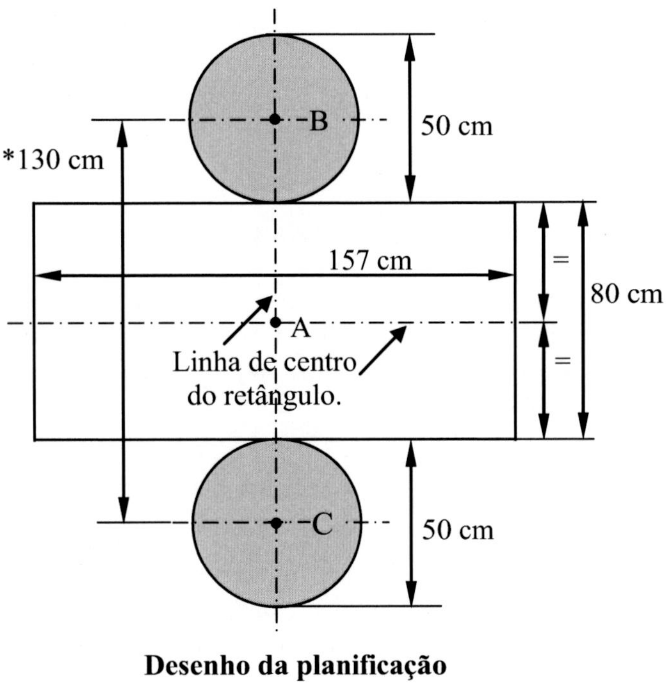

Desenho da planificação

O desenho geométrico dessa planificação deve seguir os seguintes passos, com as medidas retiradas do escalímetro, usando a escala 1:25.

1º: desenho o retângulo, com o par de esquadros, marcando as suas linhas de centro horizontal e vertical; 2º: a partir da interseção das linhas de centro, no ponto A, marco 65 cm para cima e 65 cm para baixo, determinando os centros B e C dos círculos; 3º: abro o compasso com 25 cm e traço os círculos de centro B e C.

Cálculo analítico da área total do cilindro:

Duas áreas devem ser calculadas:

1ª: a do retângulo 157 cm x 80 cm = 12.560 cm^2.
2ª: a do círculo de diâmetro 50 cm, sendo multiplicada por dois, pois são dois círculos.
Áreas dos círculos: $(2)(\pi)(25 \text{ cm})^2$ = 3.927 cm^2.

Área total = 16.487 cm^2 = 1,6487 m^2.

*Essa medida de 130 cm, que na escala de 1:25 ficará com 5,2 cm, representa a distância entre os centros das circunferências superior e inferior. Em verdade são círculos. Foi usado o valor de 3,1416, para π.

5.1.3 Tronco ou corte de um cilindro circular reto, por um plano inclinado (gerando uma elipse)

Uma seção ou corte, num cilindro circular reto, por um plano inclinado, em relação à base gera uma elipse Caso o plano seja paralelo à base, obtém-se uma circunferência ou um círculo.

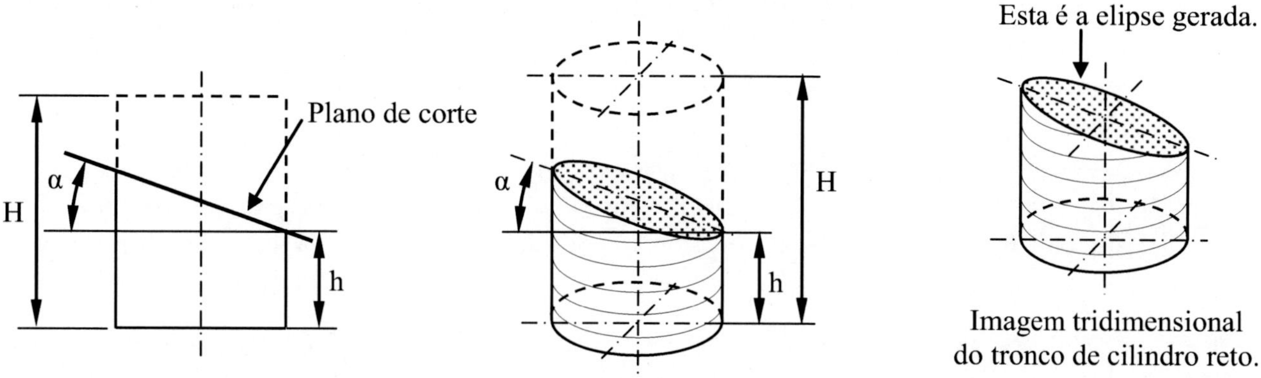

Uma forma prática de se confirmar a geração de uma elipse é fazer um corte inclinado em um legume, por exemplo, uma cenoura ou pepino, escolhendo-se o legume mais circular possível. Ao cortar, confirma-se a geração da elipse.

Para além de estudos matemáticos, por exemplo, pela Geometria Analítica, existem aplicações práticas baseadas no corte inclinado de um cilindro circular reto. Um bom exemplo é o mostrado a seguir, onde um tubo cilíndrico circular em aço é cortado, segundo um ângulo de 45°, gerando dois trechos com elipses a 45°. Deslocando-se cada parte e colocando na posição como mostrada, gera-se uma derivação ou curva a 90°. Esse recurso é muito utilizado, por exemplo, em sistemas de refrigeração, uma vez que uma curva inteiriça de 90° é muito mais cara do que uma feita em duas partes, que são soldadas.

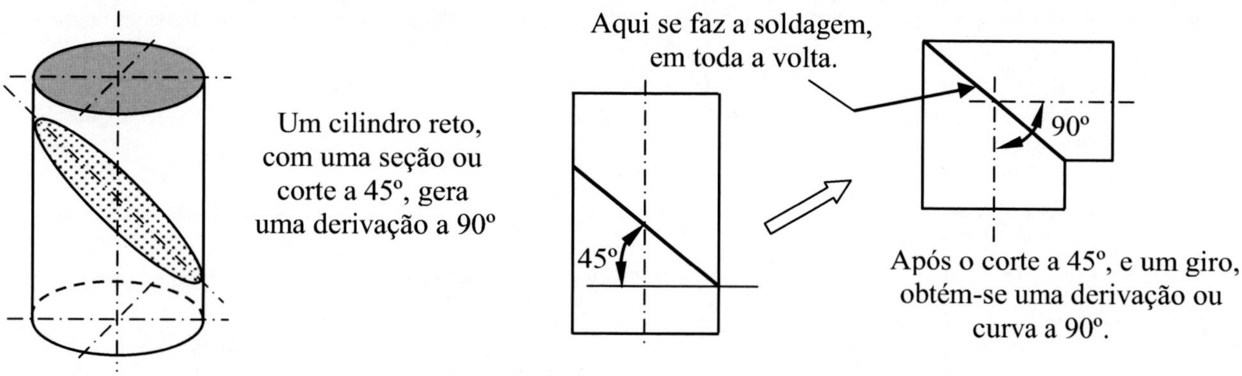

Do ponto de vista geométrico, e considerando o Ensino Fundamental, duas dimensões definem uma elipse: eixo maior ou 2a e eixo menor ou 2b. Também se observa que elipse tem centro. A relação entre as medidas dos eixos define o que se chama de excentricidade, ou melhor, se uma elipse é mais ou menos achatada, como mostrado a seguir.

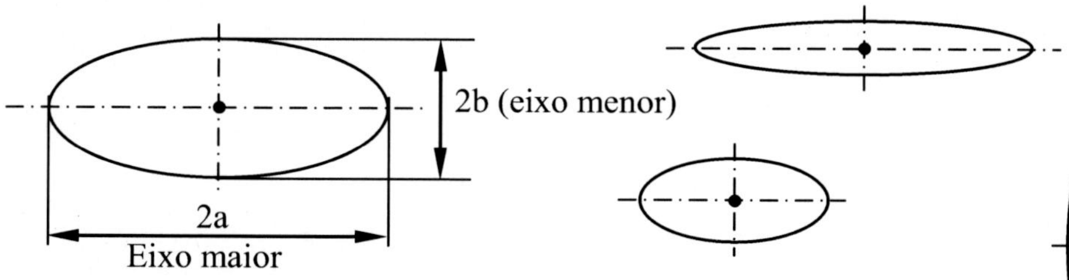

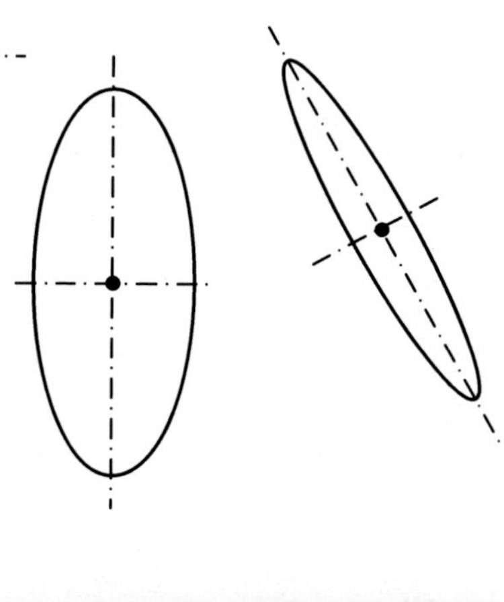

Além de dimensões diferentes, elipses podem assumir as mais diferentes posições. Como já observado, o desenho geométrico de elipses deve ser feito com o uso de gabaritos.

Exercício resolvido: determinar as dimensões máximas (eixos maior "2a" e menor "2b") de uma elipse, gerada por uma seção ou corte em um cilindro de diâmetro 50 cm e altura 1 m. A secção ocorre por um plano inclinado a 45º em relação à base do cilindro.

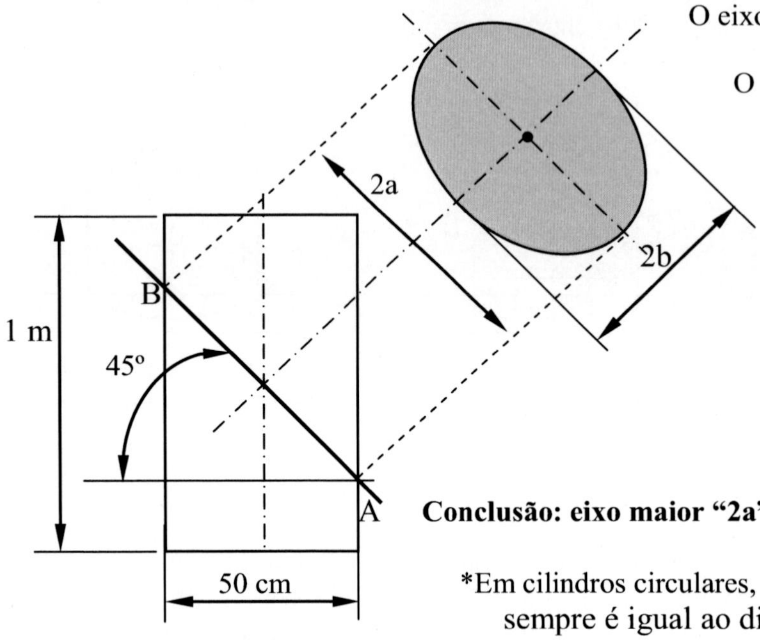

O eixo menor "2b" é igual ao diâmetro: 50 cm*.

O eixo maior "2a" (AB) é calculado pelo triângulo a seguir:

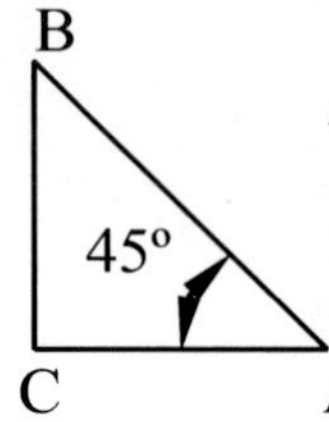

AC = BC = 50 cm.

$AB^2 = AC^2 + BC^2 \Rightarrow$

$AB = \sqrt{50^2 + 50^2} \Rightarrow$

AB = 70,71 cm.

Conclusão: eixo maior "2a" = 70,71 cm e eixo menor "2b" = 50 cm.

*Em cilindros circulares, o eixo menor da elipse, sempre é igual ao diâmetro do cilindro.

5.1.4 Volume de cilindros circulares

O conceito teórico que embasa o cálculo do volume de cilindros é o princípio de Cavalieri*. Quando se compara, por exemplo, um prisma com um cilindro, de mesma área de base e mesma altura, baseado em Cavalieri tem-se que ambos têm o mesmo volume. Como o volume de um prisma é igual ao produto da área da base pela sua altura, também para cilindros, retos ou oblíquos, o seu volume é igual ao produto da área da base (πR^2) pela altura H. *Sacerdote e matemático italiano (1598-1647).

Prisma

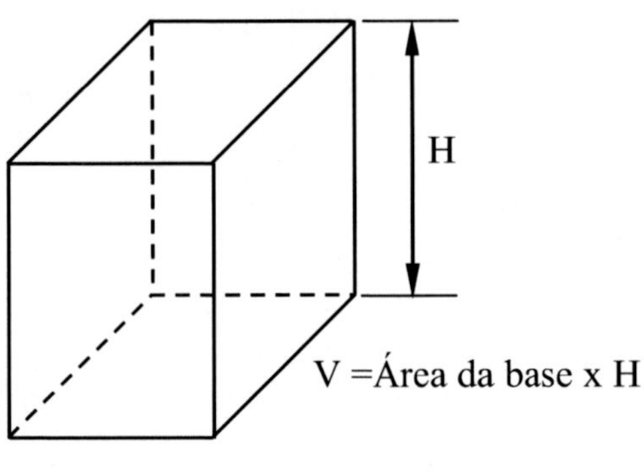

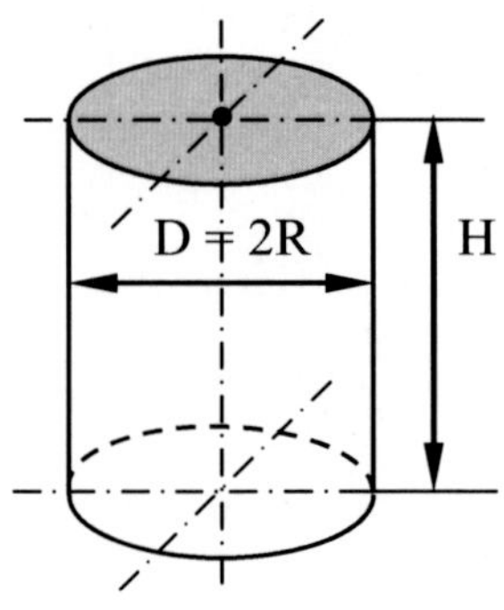

Cilindro circular

V = Área da base x H.

como área da base = πR^2.

Então:

Volume do cilindro = $\pi R^2 H$.

Segundo Cavalieri, se essas duas superfícies têm a mesma área de base e mesma altura, têm o mesmo volume.

Exercício resolvido: Determinar os volumes de dois cilindros: um com raio igual a 31,85 cm e um metro* de altura e outro com raio igual a 15,92 cm e dois metros* de altura.

Volume do cilindro 1 = $\pi R^2 H = \pi.(31{,}85\text{ cm})^2.100\text{ cm} = 318.528{,}66\text{ cm}^3 = 0{,}31852866\text{ m}^3 = 0{,}3185\text{ m}^3$.

Volume do cilindro 2 = $\pi R^2 H = \pi.(15{,}92\text{ cm})^2.200\text{ cm} = 159.164{,}33\text{ cm}^3 = 0{,}15916433\text{ m}^3 = 0{,}1592\text{ m}^3$.

* Observa-se que, os cálculos têm que ser feitos com unidades de mesma medida (1 m = 100 cm).

Exercício resolvido: tem-se que estocar 10 m^3 (10 mil litros) de um determinado líquido ou num tanque cilíndrico circular equilátero (diâmetro igual à altura) e fechado encima e embaixo ou num tanque no formato cúbico, ou seja, com as três dimensões iguais. Determinar qual o tipo de tanque que apresenta a menor área de material e, portanto, custará menos para ser fabricado em chapas de aço. (Usar $\pi = 3{,}1416$). Após o cálculo analítico, fazer o desenho geométrico das planificações do cubo e do cilindro.

Tanque cúbico

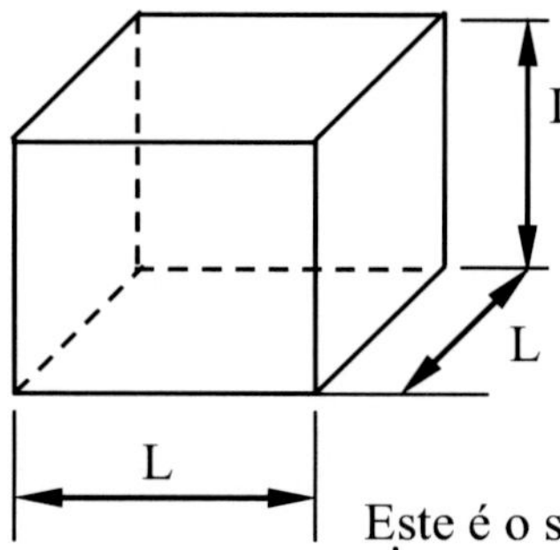

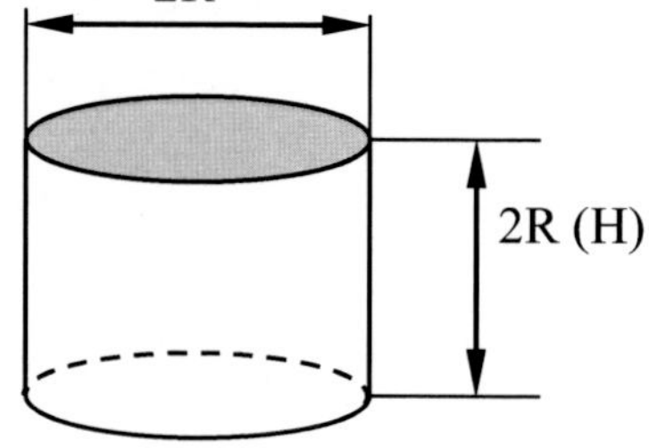

Tanque cilíndrico circular

Este é o símbolo para raiz cúbica.

$V_{cubo} = L^3 = 10\ m^3 \Rightarrow L = \sqrt[3]{10\ m^3} = 2{,}155$ m.

Como cada face é um quadrado, e como o cubo tem seis faces, logo a área total da superfície cúbica é: (6)(2,155)(2,155) = 27,864 m^2.

$V_{cilindro} = \pi R^2 H = 10\ m^3$. Como $2R = H$, logo:

$V_{cilindro} = (\pi R^2)(2R) = 2\pi R^3 = 10 \Rightarrow R^3 = \frac{10}{2\pi} \Rightarrow$

$R = = \sqrt[3]{\frac{10\ m^3}{2\pi}} = \sqrt[3]{1{,}589\ m^3} = 1{,}167$ m.

A área total do cilindro é a soma das áreas de dois círculos de raio 1,167 m, com a área de um retângulo com altura 2,334 m e comprimento $2\pi(1{,}167$ m).

Área dos círculos: $(2)(2\pi R) = (2)(2\pi)(1{,}167m) = 14{,}665\ m^2$.

Área do retângulo: $(2\pi R) \times 2R = (2\pi)(1{,}167m) \times (2)(1{,}167\ m) = 7{,}81\ m^2$.

Área total do cilindro é = 22,475 m^2.

$22{,}475\ m^2 < 27{,}864\ m^2$.

Conclusão: o tanque que apresenta a menor área de material é o tipo cilíndrico equilátero.

Planificação do cubo: são seis quadrados de lado 2,155 m, desenhados na escala de 1:100.

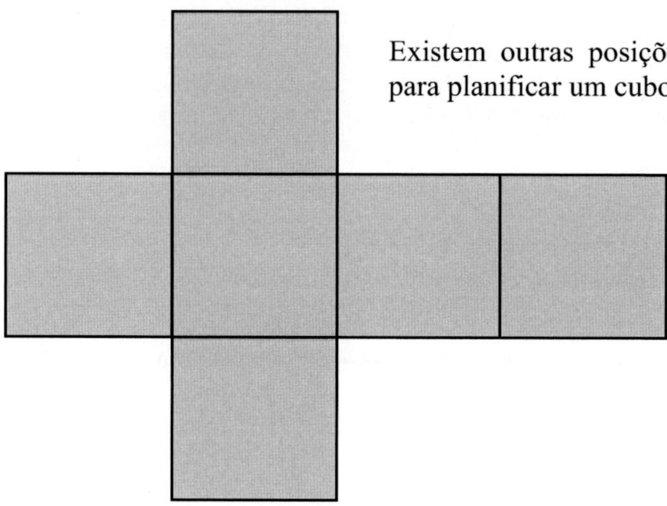

Existem outras posições para planificar um cubo.

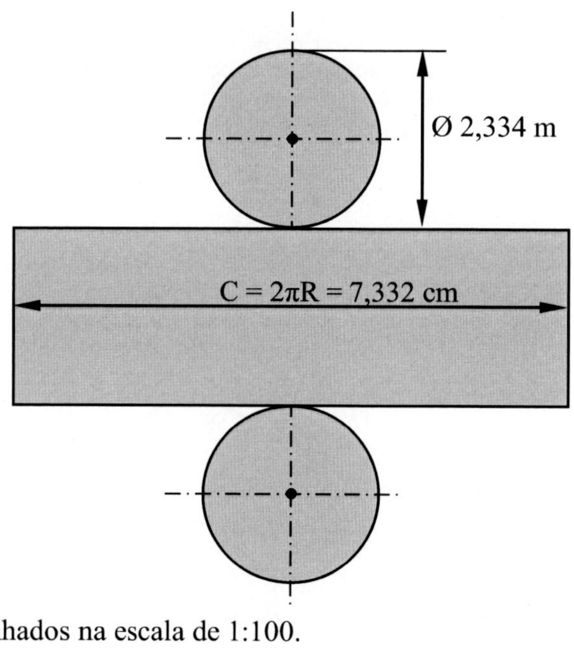

Planificação do cilindro: um retângulo e dois círculos, desenhados na escala de 1:100.

5.1.5 Curiosidade: cilindros com planificação no sentido helicoidal

Em geral, a fabricação de cilindros em papelão ou metálicos é feita a partir de chapas planas retangulares. Existe uma outra maneira de planificar um cilindro, muito utilizada quando se usa o papel ou papelão. Nesses casos, recorta-se uma placa retangular, no formato de um paralelogramo que, uma vez curvada gera um cilindro, segundo uma linha helicoidal (tipo hélice) de fechamento. O exemplo a seguir foi retirado do centro de um rolo de papel higiênico, onde o cilindro central, para dar firmeza ao rolo, é fabricado em papelão fino e em duas folhas, como mostrado a seguir.

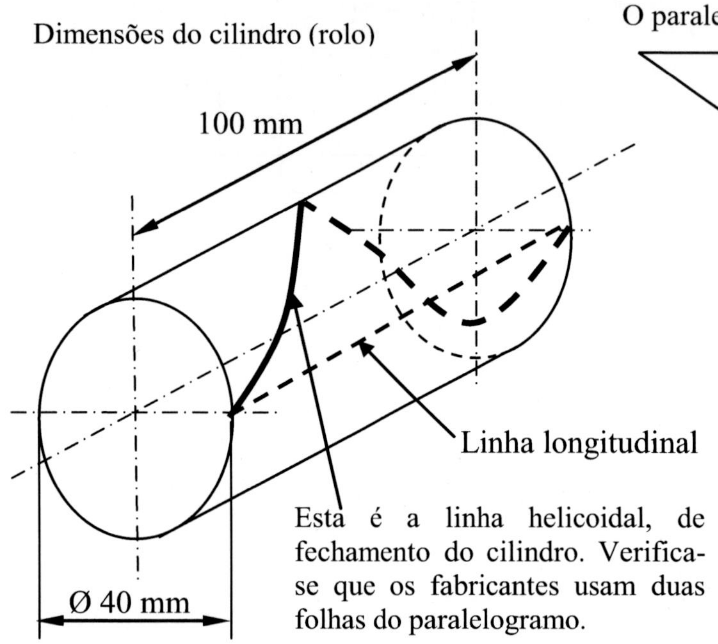

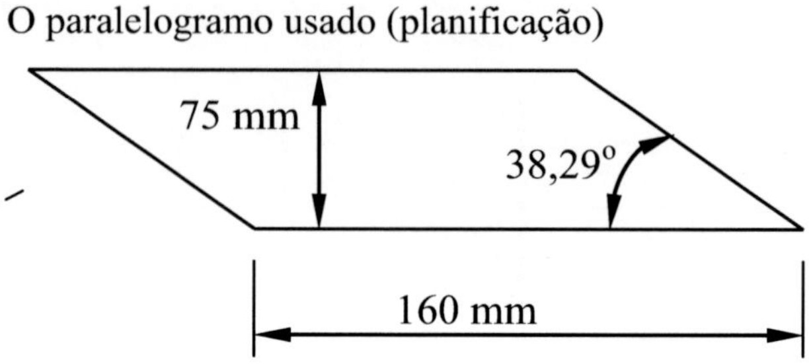

Observa-se que, para uso industrial, em tubos metálicos, como a linha helicoidal é 60% maior, do que uma linha longitudinal, significa que a solda de fechamento teria um comprimento 60% maior, ou seja, um custo maior. É por isso que, para metais, não se faz esse tipo de planificação, mas sim a partir de chapas retangulares.

Sugere-se que o leitor pegue o canudo cilíndrico de um rolo de papel higiênico e o coloque imerso em água por alguns minutos. A cola se solta e, então, constata-se os dois paralelogramos, aqui descritos. Para uma melhor visualização, recomenda-se passar o ferro aquecido sobre os paralelogramos, que ficam planos.

5.2 Superfície cônica circular: o cone circular

Uma superfície cônica (genericamente um cone) é uma superfície gerada por uma reta que se move ao longo de uma curva e que passa por um ponto fixo, fora da curva. A reta móvel é chamada de geratriz, a curva denominada de diretriz e o ponto fixo é o vértice do cone. A superfície cônica assume diversas formas, segundo sua diretriz, podendo-se ter cones: circulares, parabólicos, elípticos ou hiperbólicos. No Ensino Fundamental estuda-se apenas o cone circular.

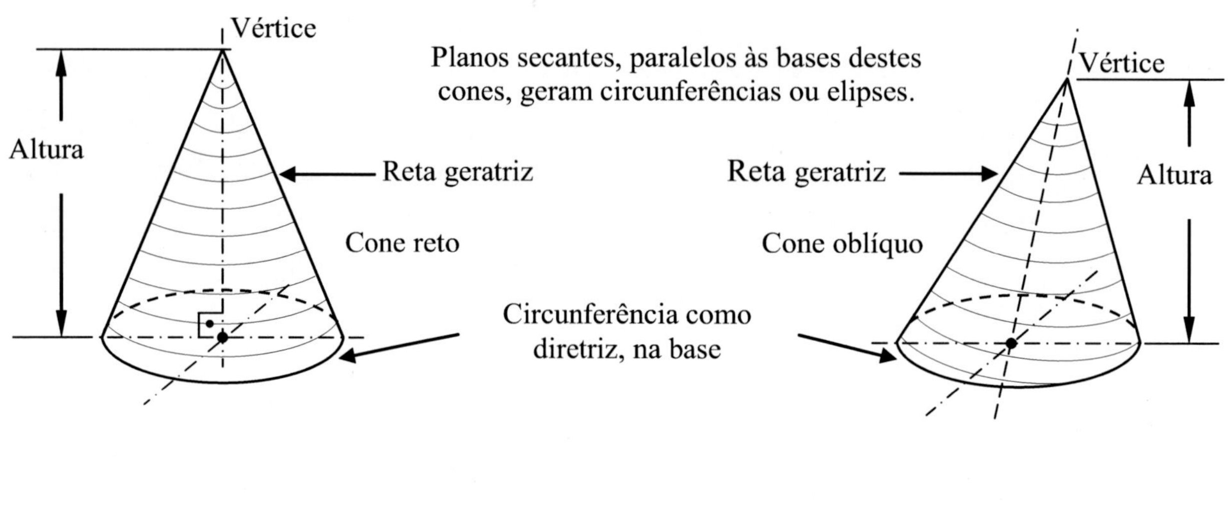

Exemplo de aplicação prática de superfície cônica, como fundo de tanque de estocagem

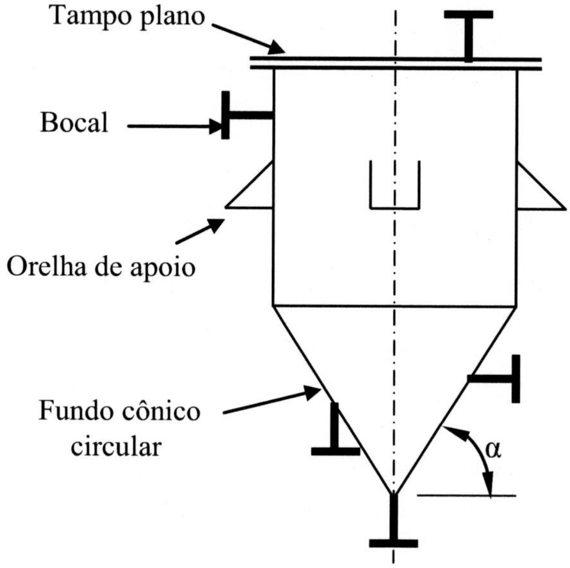

Esse é o desenho esquemático de um tanque cilíndrico vertical, com tampo plano e fundo cônico circular, muito utilizado para a estocagem de materiais granulados ou em pó, inclusive cereais como milho, soja, feijão, etc. O ângulo α é definido em função da maior ou menor facilidade que o material estocado tem para escoar.

5.2.1 Área da superfície dos cones circulares retos

O raciocínio lógico para a determinação da área total AT_{cone} da superfície de um cone reto, passa pela análise de sua planificação, como a seguir mostrado. Pela figura da planificação, observa-se que a área total do cone é igual à soma das áreas do círculo de base de raio R, com a área do setor circular, de raio g, que é a geratriz do cone.

A planificação mostra que a base é um círculo de raio R e a superfície lateral é um setor circular. Ou seja, a área do cone é a soma dessas áreas.

α é o ângulo do setor circular e ß é o ângulo do cone.

$g = \sqrt{H^2 + R^2}$.

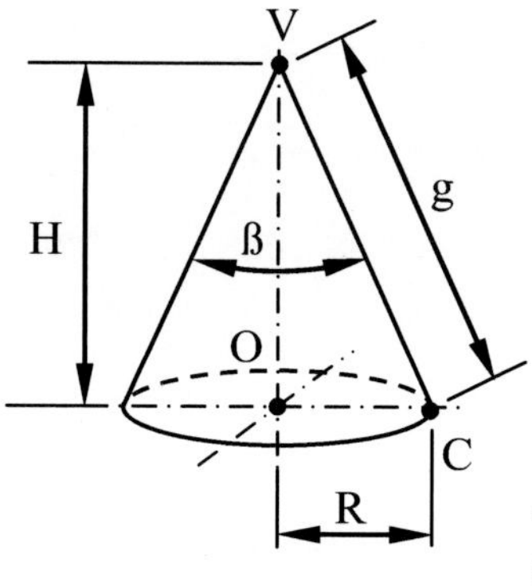

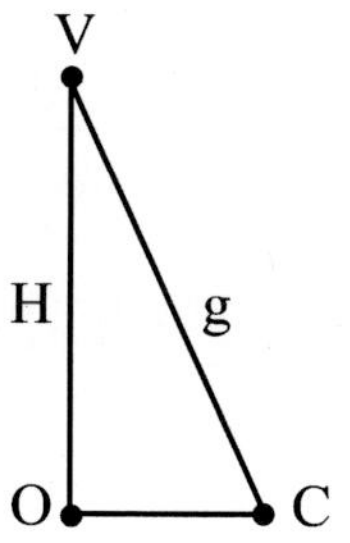

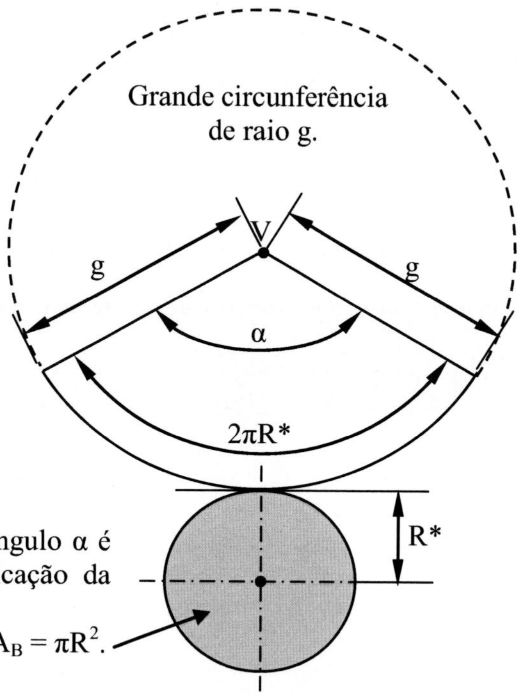

*O comprimento do arco de ângulo α é igual a 2πR, equivale à retificação da circunferência da base.

Área da base: $A_B = \pi R^2$.

Análise da área A_L do setor circular

Essa área A_L depende do raio g (reta geratriz do cone) e do ângulo α. O ângulo α está relacionado ao perímetro P_g da circunferência de raio g, sendo $P_g = 2\pi g$. O perímetro P_g do arco de ângulo α, por sua vez, é igual ao perímetro P_B da circunferência de base, ou seja, $P_B = 2\pi R$. A área A_T do setor circular é πg^2 e a determinação da área do setor circular pode ser feita através de uma regra de três simples, como a seguir mostrada.

Área total da grande circunferência = πg^2 e comprimento total da grande circunferência = $2\pi g$.

Área do setor circular = A_L e comprimento da circunferência de base = $2\pi R$.

A regra de três fica: $\frac{\pi g^2}{A_L} = \frac{2\pi g}{2\pi R} \Rightarrow A_L = \frac{(\pi g^2)(2\pi R)}{2\pi g} \Rightarrow$ $\mathbf{A_L = \pi Rg}$. **Essa é a área do setor circular.**

Área total AT_{cone} de uma superfície cônica

Essa área é igual à soma das áreas do círculo de base A_B de raio R, com a área do setor circular A_L, de raio g.

$AT_{cone} = A_B + A_L = \pi R^2 + \pi Rg \Rightarrow$ $\mathbf{AT_{cone} = \pi R(R + g)}$. **Essa é a área total de uma superfície cônica.**

Exercício resolvido: determinar a área total de uma superfície cônica circular reta com diâmetro de base igual a 20 cm e altura H igual a 40 cm. (usar $\pi = 3{,}1416$). Fazer o desenho geométrico da planificação da superfície cônica.

Raciocínio lógico matemático geométrico, para o cálculo analítico: 1º: Faço um desenho, mesmo sem ser em escala, para entender o cone e determino a medida da geratriz g; 2º: determino a área do círculo de base; 3º: Determino a área do setor circular e 4º: Soma as áreas calculadas, determinando a área total da superfície cônica proposta.

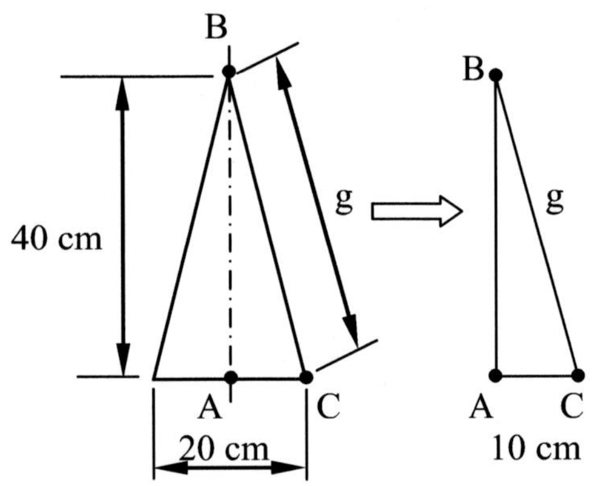

1º: Cálculo de g:

$BC^2 = AB^2 + AC^2 \Rightarrow BC = \sqrt{AB^2 + AC^2} \Rightarrow BC = \sqrt{40^2 + 10^2} \Rightarrow$
$BC = \sqrt{1700} \Rightarrow BC = g = 41{,}231$ cm.

2º: Cálculo da área do círculo de base: $A_B = \pi R^2$:

$A_B = \pi(10\text{ cm})^2 \Rightarrow A_B = 314{,}16\text{ cm}^2$.

3º: Cálculo da área $A_L = \pi Rg$ do setor circular:

$A_L = \pi(10\text{ cm})(41{,}231\text{ cm}) \Rightarrow A_L = 1295{,}313\text{ cm}^2$.

Área total da superfície cônica $AT_{cone} = 314{,}16\text{ cm}^2 + 1295{,}313\text{ cm}^2 \Rightarrow$ $\mathbf{AT_{cone} = 1609{,}473\text{ cm}^2}$.

Observações sobre os ângulos α e ß da superfície cônica:

O ângulo ß, do cone em si, é calculado por trigonometria nos triângulos retângulos e o ângulo α é calculado como mostrado a seguir, através de uma regra de três simples.

$\frac{2\pi g}{360^\circ} = \frac{2\pi R}{\alpha} \Rightarrow \alpha = \frac{360^\circ \times 2\pi R}{2\pi g} = \frac{360^\circ \times R}{g} = \frac{360^\circ \times (10\text{ cm})}{41{,}231\text{ cm}} \Rightarrow$ $\mathbf{\alpha = 87{,}313^\circ}$.

$2\pi g$ é perímetro da grande circunferência de raio g e $2\pi R$ é o perímetro da circunferência da base.

Desenho geométrico da planificação da superfície cônica

Essa planificação envolve o desenho de um setor circular de raio g = 41,231 cm e ângulo α = 87,313º, bem como ao do círculo de base de raio R = 10 cm. Devido às dimensões envolvidas, e considerando as dimensões de uma folha A4, o desenho da planificação será feito na escala 1:12,5, que no escalímetro é a régua "125". Caso o escalímetro que esteja sendo usado não tenha a régua "125", basta dividir cada dimensão por 12,5. Dessa forma, o diâmetro da grande circunferência ficará com: 82,462 cm/12,5 = 6,597 cm, usando-se 6,6 cm na escala de 1:1, régua 1:100. O diâmetro do círculo de base ficará: 20 cm/12,5 = 1,6 cm.

Passo a passo do desenho geométrico da planificação:

1º Passo: Localizo o centro da grande circunferência de raio g = 41,231 cm, que também é o vértice V do cone, traçando seus eixos de simetria; 2º Passo: Traço a grande circunferência, em linha tracejada; 3º Passo: prolongo para baixo o eixo de simetria vertical da grande circunferência e localizo o centro O da circunferência do círculo da base. Essa circunferência tem raio 10 cm; 4º Passo: Traço os eixos de simetria horizontal e vertical do círculo de base e traço a circunferência do círculo de base; 5º Passo: a partir do vértice V, traço para baixo ângulo de 87,313º/2, para a esquerda e outro de 87,313º/2, para a direita. Esses ângulos são a metade de α. Onde os segmentos desses ângulos cruzam com a grande circunferência (tracejada) são os pontos que limitam o setor circular. Esses ângulos devem ser traçados com o transferidor, podendo ser usado o valor de 43,5º, uma vez que não se consegue no transferidor marcar um ângulo de 87,313º/2 = 43,6565º e 6º Passo: Finalizo o desenho da planificação.

1º: Passo: Localizo centro da grande circunferência:

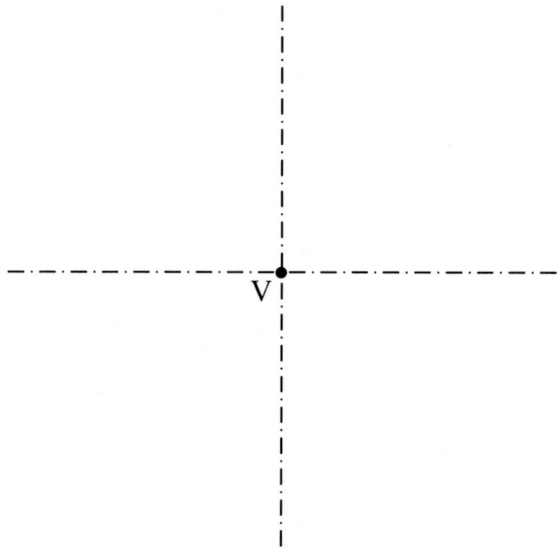

2º Passo: Traço a grande circunferência
Em linha tracejada:

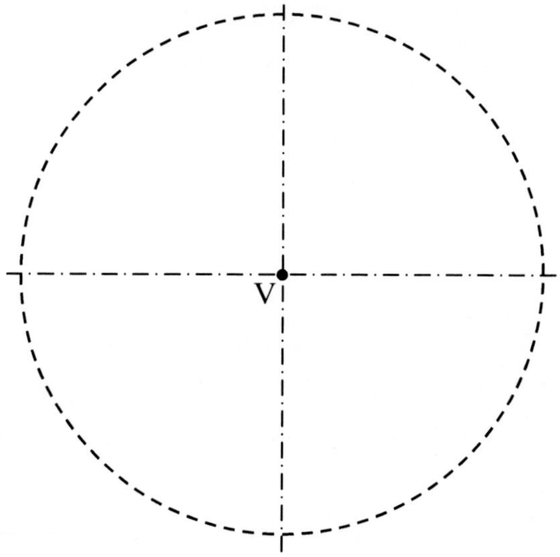

3º Passo:

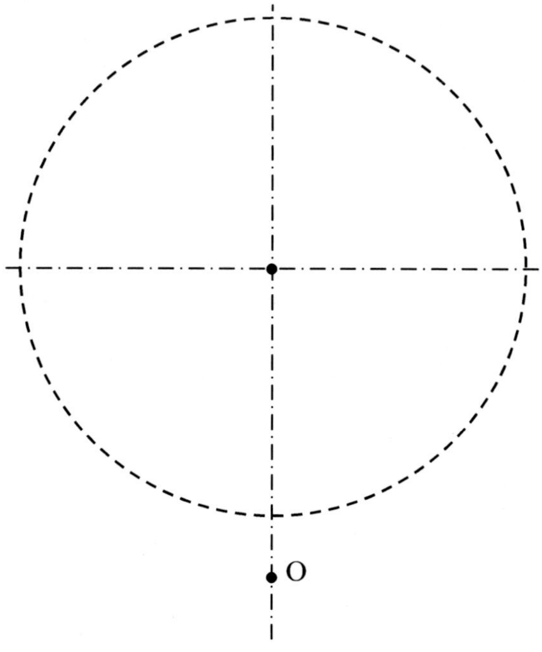

4º Passo:

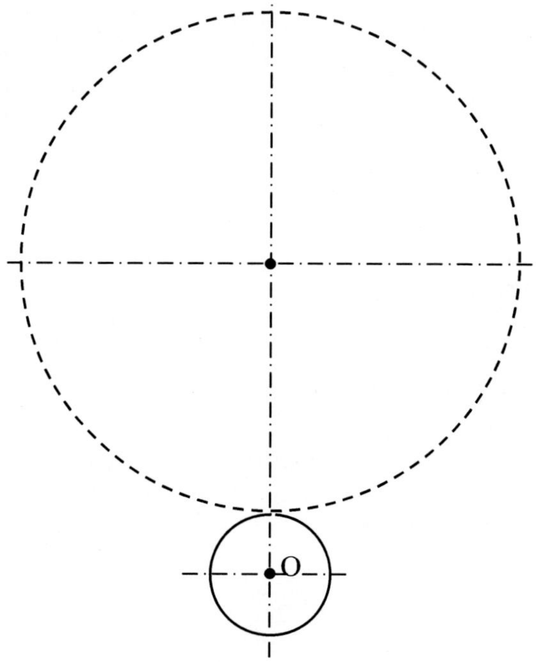

5º Passo: Traço os raios que delimitam o setor circular:

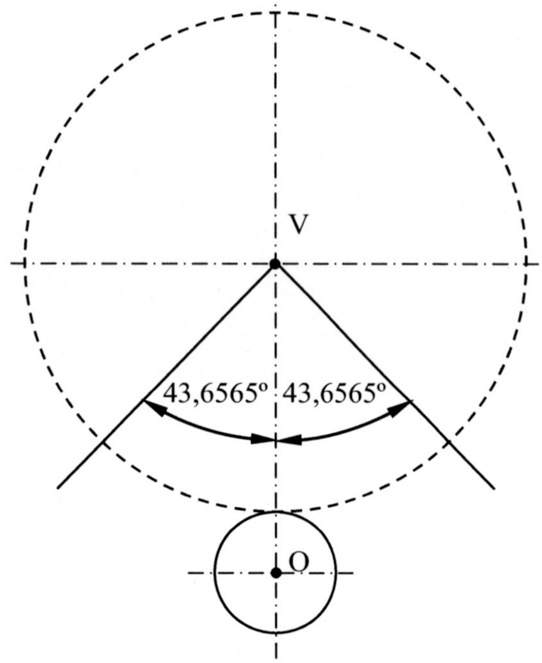

6º Passo: Finalizo o desenho da planificação:

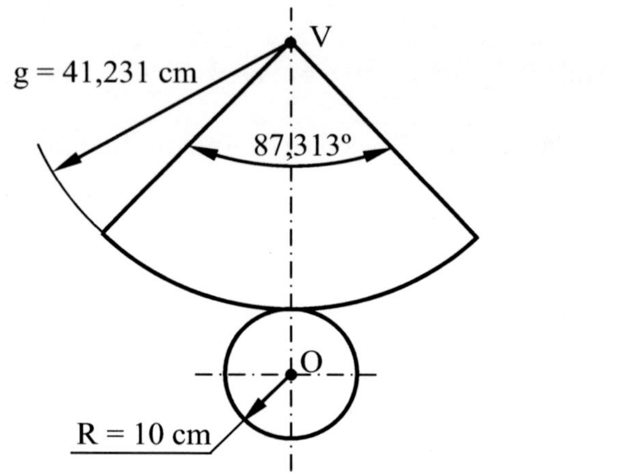

5.2.2 Volume dos cones circulares retos

O conceito lógico espacial para desenvolver o cálculo do volume de um cone, envolve a análise do volume de um prisma e o princípio de Cavalieri, como a seguir detalhado.

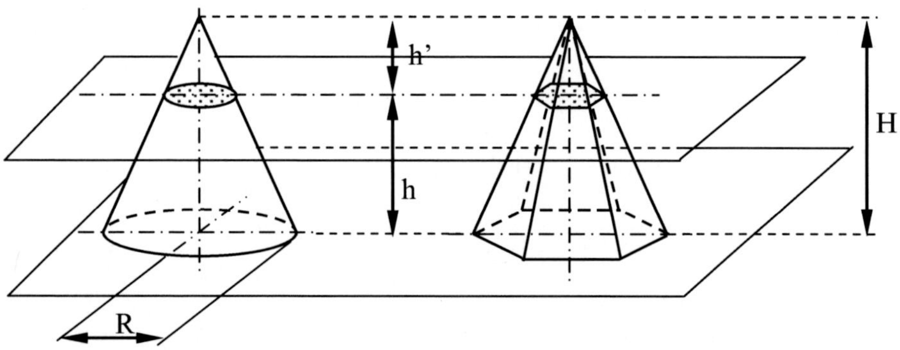

Volume do cone = $\frac{\pi R^2 H}{3}$.

A figura acima mostra um cone e uma pirâmide de base hexagonal, ambas com a mesma altura e mesma área de base. Ao se passar um plano paralelo ao de base e à uma altura h, confirma-se que, pelo princípio de Cavalieri as duas seções superiores têm também a mesma área. Ou seja, confirma-se que o cone e pirâmide têm o mesmo volume. Conclusão: o volume de um cone é igual a um terço do produto da área da base (πR^2) pela altura (H).

5.3 A esfera

Superfície esférica (esfera) é o lugar geométrico dos pontos do espaço que mantêm a mesma distância r do centro C. Em termos de características geométricas e nomenclatura uma esfera apresenta os seguintes elementos principais:

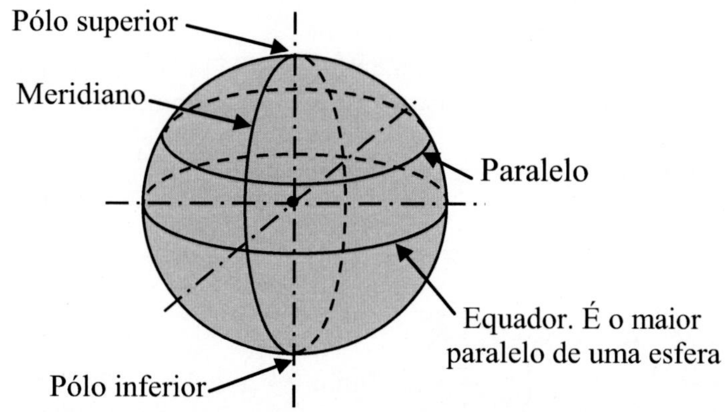

Qualquer corte em uma esfera maciça gera um círculo, com o perímetro sendo uma circunferência. Dois cortes se destacam em uma esfera: quando passa pelo eixo dividi-a em duas metades ou hemisferas e quando passa por outro ponto gera uma calota esférica, como a seguir mostrada. Esferas, hemisferas e calotas esféricas, têm muitas aplicações práticas, sendo uma delas na produção de espelhos ou lentes esféricas. Dependendo da parte considerada, ou seja, como incide o que se quer refletir, o espelho pode ser côncavo (superfície interna) ou convexo (superfície externa), como mostrado a seguir, em uma calota esférica.

Outro exemplo prático, de uso de esferas, na área de Engenharia, são as esferas metálicas utilizadas para armazenamento de gases sobre pressão, por exemplo, o gás utilizado em fogões e em veículos. Além desses existem muitos outros exemplos do uso de superfícies esféricas e de sólidos esféricos, tais como: bolas de bilhar, bolas de futebol e outros esportes.

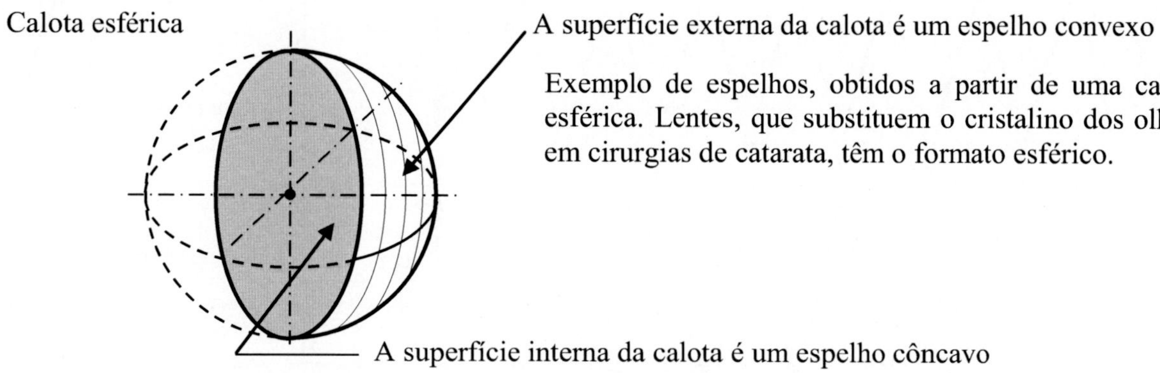

Exemplo de espelhos, obtidos a partir de uma calota esférica. Lentes, que substituem o cristalino dos olhos, em cirurgias de catarata, têm o formato esférico.

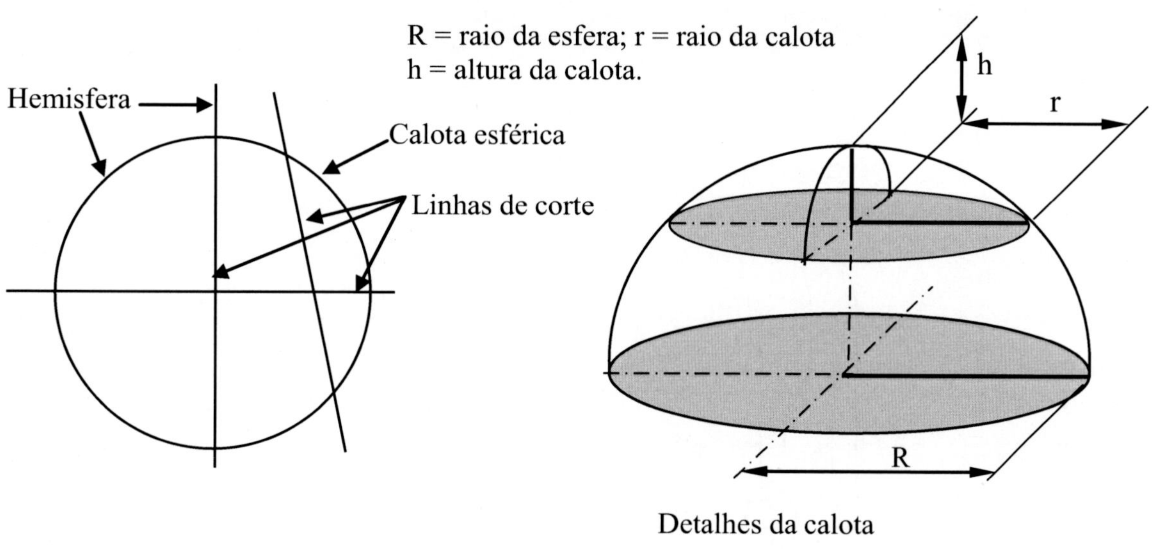

Detalhes da calota

5.3.1 Planificação de superfícies esféricas

Existem diversas formas de se imaginar a planificação de uma superfície esférica, por exemplo, dividindo-se a esfera em gomos, segundo os meridianos, e de forma semelhante a como se corta, por exemplo, uma laranja em gomos.

O exemplo a seguir mostra uma esfera de 1,6 metros de diâmetro, desenhada na escala de 1:100. A esfera é dividida em oito partes (oito gomos) e então é planificada. 1,6 m x π = 5,03 m.

Esta é a imagem da esfera vista de cima, ou seja, do Pólo Norte, vendo-se os oito cortes.

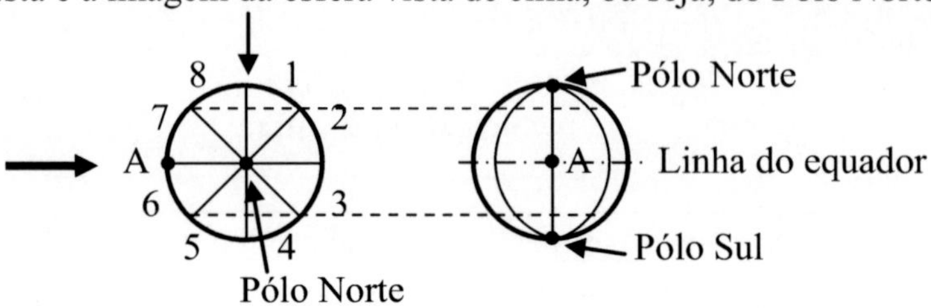

Esta é a vista lateral, a partir da linha do equador, como mostra a seta, à esquerda.

Observa-se que a esfera, cortada em oito gomos, é planificada nos dois sentidos, tanto na linha do equador, quanto na linha vertical que passa pelos Pólos. A planificação dos oito gomos mostrada a seguir, pode ser confirmada, por exemplo, com o corte de uma laranja (a mais redonda possível) em oito partes iguais no sentido vertical (oito ângulos de 45°). Depois separa-se cada gomo, retira-se os grumos da laranja (que contém fibras), come-se e, pega-se cada gomo só com a casca e ao aperta-la numa superfície plana (por exemplo na pia da cozinha), obtém-se a imagem a seguir mostrada.

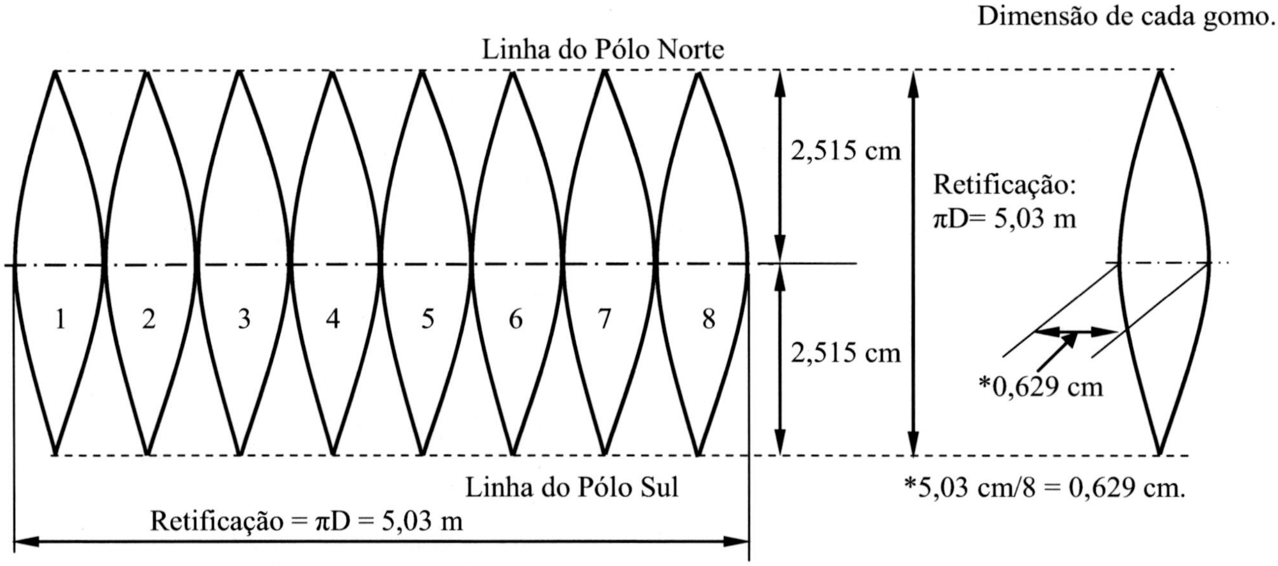

Exemplo de esfera metálica, usada como tanque de armazenamento de gás

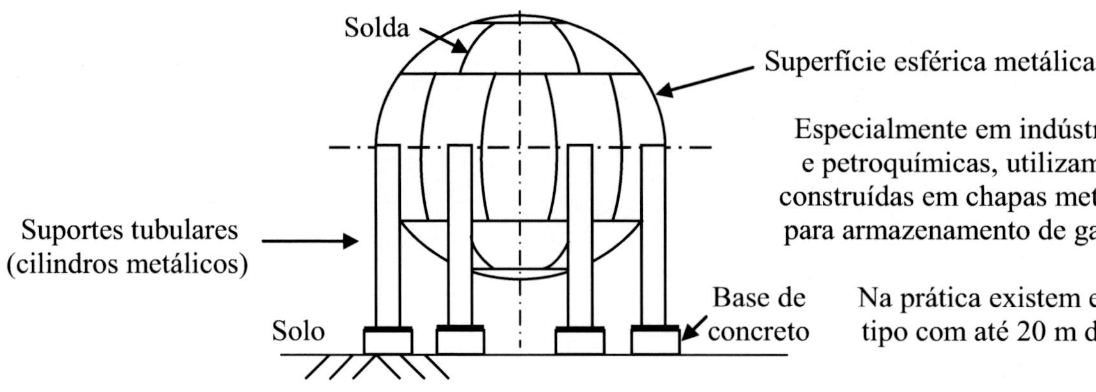

Especialmente em indústrias químicas e petroquímicas, utilizam-se esferas construídas em chapas metálicas de aço, para armazenamento de gases a pressão.

Na prática existem esferas desse tipo com até 20 m de diâmetro.

5.3.2 Volume de uma esfera

O conceito lógico espacial para desenvolver o cálculo do volume de uma esfera, envolve a análise do volume de um cilindro, dois cones e o princípio de Cavalieri, como a seguir detalhado.

Inicialmente, imagina-se a esfera de centro C e raio R, seccionada por um plano, gerando o círculo de raio R_B e o triângulo retângulo ABC.

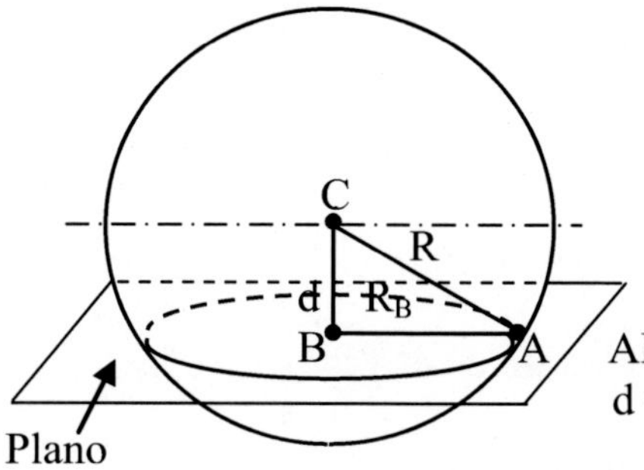

AB = R_B; BC = d.
d = R - R_B.

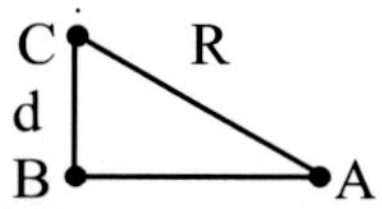

$R^2 = BC^2 + R_B{}^2 \Rightarrow R_B{}^2 = R^2 - d^2$.

Área do círculo de raio $R_B = \pi\, R_B{}^2 = \pi(R^2 - d^2)$.

Na sequência, considera-se um sólido Y, gerado a partir de um cilindro reto equilátero, ou seja, a altura é igual a diâmetro, sendo esse igual ao diâmetro da esfera ou duas vezes o raio R. Esse sólido Y é obtido retirando-se os volumes dos dois cones, como a seguir mostrado.

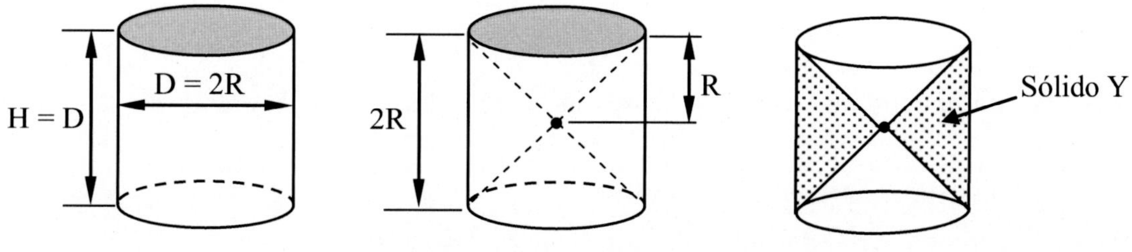

O volume do sólido Y é igual à diferença entre o volume do cilindro e dos volumes dos dois cones.

Volume do cilindro = $\pi R^2 2R = 2\pi R^3$. Volume do cone = $\dfrac{\pi R^2 2R}{3} = \dfrac{2\pi R^3}{3}$. Volume de dois cones = $\dfrac{2\pi R^3}{3}$.

Volume do sólido Y = $2\pi R^3 - \dfrac{2\pi R^3}{3} = 2\pi R^3(1 - \dfrac{1}{3}) = 2\pi R^3\dfrac{2}{3} = \dfrac{4\pi R^3}{3}$.

Utilizando o princípio de Cavalieri, para obter o volume da esfera, considera-se a esfera e o cilindro apoiados no mesmo plano e seccionados por um novo plano, com a distância entre os planos igual à medida E.

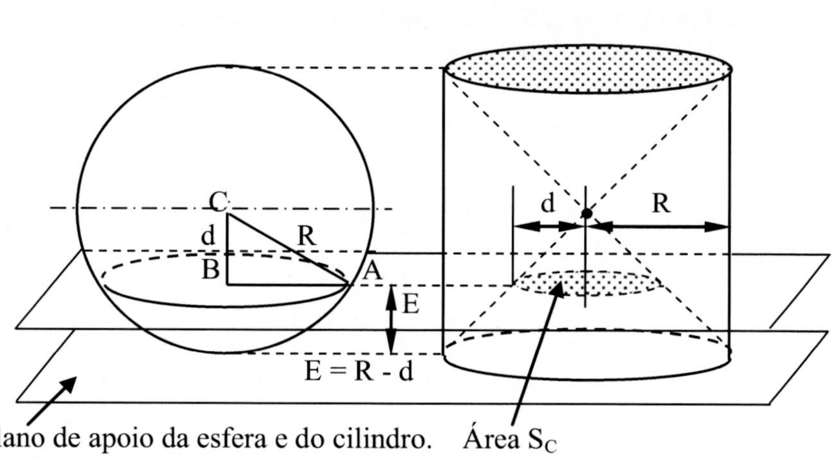

Plano de apoio da esfera e do cilindro. Área S_C
E = distância entre os dois planos.

A área S_C da seção no sólido Y é igual à área da coroa circular, de raios d e R.

$S_C = \pi R^2 - \pi r^2 = \pi(R^2 - d^2)$.

Observa-se que essa área da coroa é igual à área do círculo de raio R_B na esfera. Ou seja, as duas áreas são iguais, e pelo princípio de Cavalieri, tanto o volume da esfera, quanto o volume do sólido Y são iguais.
Portanto: $V_{esfera} = \dfrac{4\pi R^3}{3}$.

Volume de uma esfera = $\mathbf{\dfrac{4\pi R^3}{3}}$.

5.3.3 Área da superfície de uma esfera

O raciocínio lógico espacial para desenvolver o cálculo da área da superfície da esfera é imaginá-la composta por uma infinidade de minúsculas pirâmides, por exemplo, de base hexagonal, com todos os vértices V coincidentes com o centro C da esfera e altura H igual ao raio R da esfera.

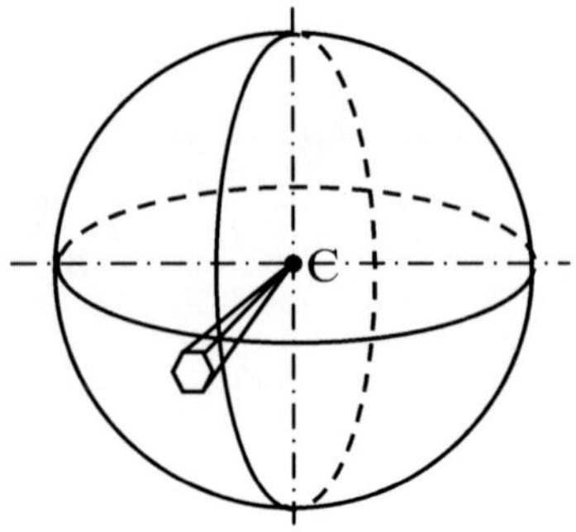

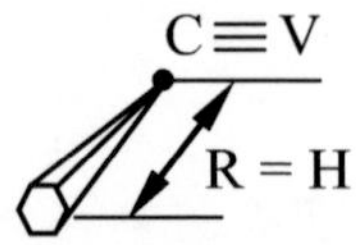

O volume de cada pirâmide é: $V_i = \frac{1}{3} A_i \times R$.

A_i = área da base da pirâmide.

Considerando "n" pirâmides o volume da esfera é: $V = V_1 + V_2 + ... + V_n$. Como: $V = \frac{4\pi R^3}{3}$, então:

$$V = \frac{1}{3} A_1 R + \frac{1}{3} A_2 R + ... + \frac{1}{3} A_n R \Rightarrow V = \frac{4\pi R^3}{3} = \frac{1}{3} R \underbrace{(A_1 + A_2 + ... + A_n)}_{= A}.$$

Quando "n" tende ao infinito, a soma das áreas das bases das pirâmides é igual à área A da superfície esférica, ou seja:

$\frac{4\pi R^3}{3} = \frac{1}{3} RA \Rightarrow A = 4\pi R^2$, portanto: **Área da superfície esférica: $A_{esf.} = 4\pi R^2$.**

Exercício resolvido: determinar o diâmetro de uma esfera com um volume de 10 m^3, determinando também a sua área lateral. (Utilizar π= 3,1416).

Volume da esfera = $\frac{4\pi R^3}{3} = 10\ m^3 \Rightarrow R^3 = \frac{(3)(10\ m^3)}{4\pi} \Rightarrow R^3 = 2{,}387\ m^3 \Rightarrow R = 1{,}336$ m.

$A_{esf.} = 4\pi R^2 = 4\pi(1{,}336\ m)^2 = 22{,}43\ m^2$.

Observação: no exercício da página 65 foi pedido para se determinar qual o tipo de tanque, com volume de 10 m^3, que apresenta a menor área de material e, portanto, custará menos para ser fabricado em chapas de aço, comparando-se um tanque cúbico e outro cilíndrico reto equilátero. Aqui pede-se para comparar, dos três tipos de tanques: cúbico, cilíndrico e esférico, qual tem a menor área lateral.

Área lateral do tanque cilíndrico = 22,475 m^2.
Área lateral do tanque cônico = 27,864 m^2.
Área lateral do tanque esférico = 22,43 m^2.

Matematicamente, o tanque de menor área lateral é o esférico, porém em termos de engenharia de fabricação, considerando o mesmo volume de 10 m^3, é mais custoso fabricar um tanque esférico do que um cilíndrico. Nesse caso inclusive, a diferença de área lateral entre o cilíndrico e o esférico é mínima.

5.4 Exercícios complementares resolvidos

5.4.1) Sabendo que uma esfera de raio 10 cm está inscrita em um cone equilátero (H = R) pede-se: a) determinar o volume, em litros, desse cone e b) fazer o desenho geométrico do exercício, determinando a escala que deve ser utilizada.

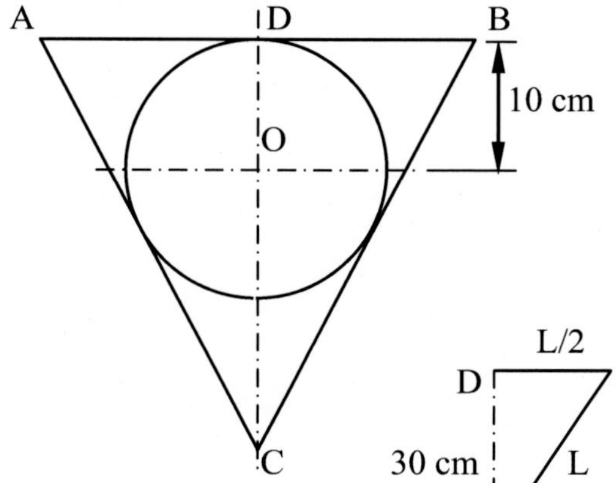

Raciocínio lógico geométrico e cálculos analíticos

Estando inscrita, significa que a esfera é tangente aos lados do cone. CD é uma das alturas do triângulo e OD é igual ao raio. Como o triângulo é equilátero, o ponto O também é o encontro das bissetrizes ou incentro e, portanto, o segmento OD é igual a 1/3 de CD. Ou seja: CD = 30 cm, que é a altura do cone, cujo volume é dado por:

$V = \frac{\pi R^2 H}{3}$. R = raio do cone = AD = DB. H = 30 cm.

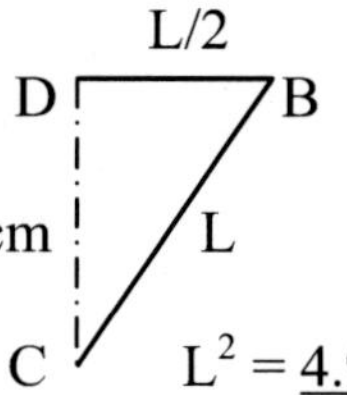

AB = AC = BC = lados do triângulo equilátero.

$L^2 = 30^2 + (L/2)^2 \Rightarrow L^2 = 900 + L^2/4 \Rightarrow 3L^2/4 = 900 \Rightarrow$

$L^2 = \frac{4.900}{3} \Rightarrow L^2 = 1.200 \Rightarrow L = 34,64$ cm. $R = L/2 \Rightarrow R = 17,32$ cm.

$V = \frac{\pi R^2 H}{3} = \frac{\pi (17,32 cm)^2 (30 cm)}{3} = 9.420 cm^3 = 9,42 dcm3 =$ **9,42 litros.** ⟵ Volume do cone.

Desenho geométrico do conjunto cone/esfera

Devido dimensões, especialmente dos lados do triângulo, será usada a escala de 1:5, na régua 1:50 do escalímetro.

1º Passo: traço lado AB, com 34,64 cm:

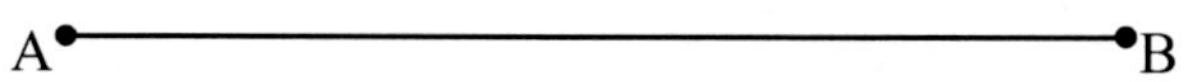

2º Passo: com o compasso centrado em A, traço arco AB e vice versa traço BA, determinando C.

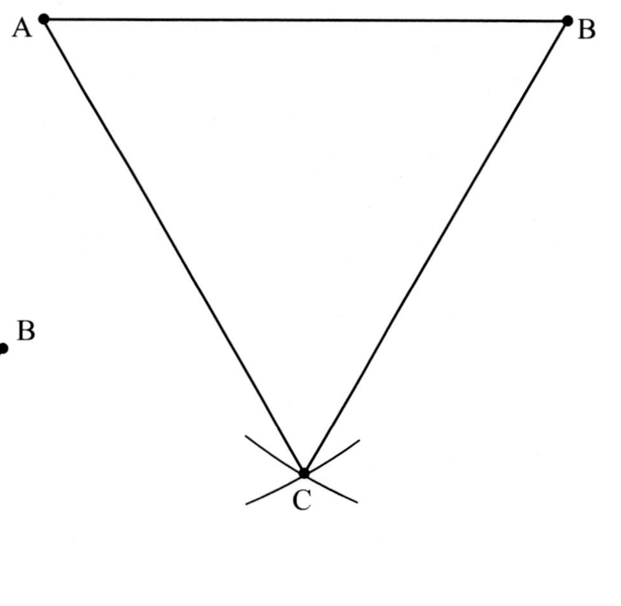

3º Passo: traço perpendiculares a cada lado, passando pelos vértices A, B e C, determinando os pontos de tangência T1, T2 e T3 e o centro O da circunferência:

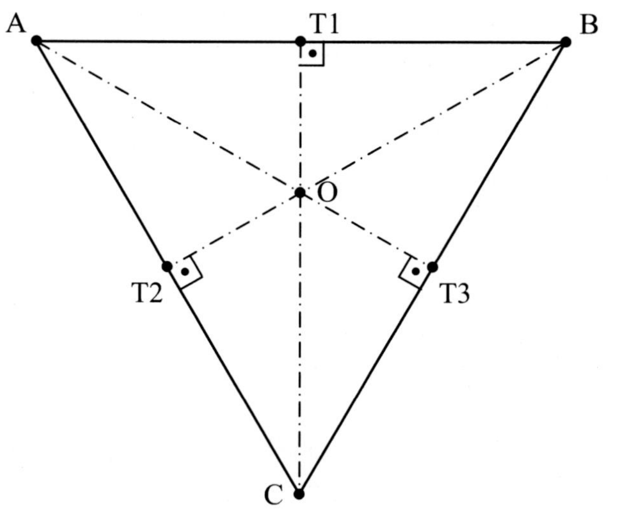

4º Passo: com centro em O e raio OT1 = OT2 = OT3, traço a circunferência tangente aos lados A, B e C.

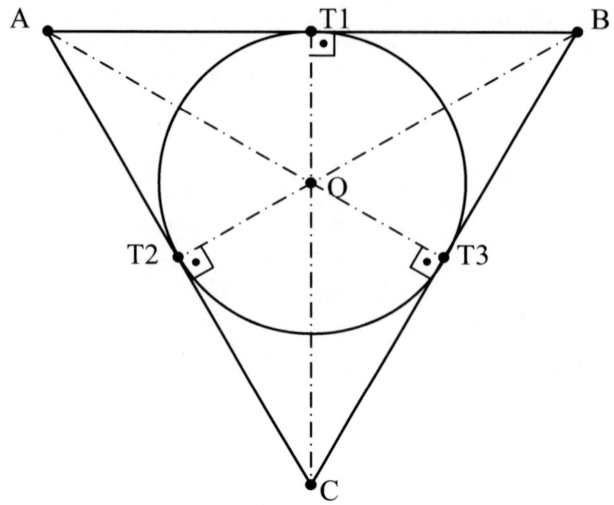

5.4.2) Há muitos anos é possível, técnica e comercialmente, imprimir, pela impressão 3D, os mais diversos objetos, bem como peças de máquinas, nos mais diferentes tipos de materiais, inclusive metais, como alumínio. Uma das vantagens de imprimir, por exemplo, peças em metais, é que não existe desperdício de material, usando-se exatamente a quantidade necessária.

Uma empresa industrial recebeu um pedido para fabricar 10 peças, conforme o desenho a seguir, através da impressão tridimensional em um tipo de liga de alumínio. Sabendo que essa impressão é feita com pó de alumínio, misturado com determinado material de liga em pó, determinar o volume total de pó a ser utilizado, em litros, bem como o peso total*, para imprimir as 10 peças. (Usar $\pi = 3{,}14$). (Ø: esse símbolo é a letra grega fi e significa diâmetro). Observa-se que o processo de solidificação da mistura de pó, após a impressão tridimensional, é feito através de um processo de fabricação mecânica chamado sinterização. *Esse pó tem peso específico de 670 kg/m³.

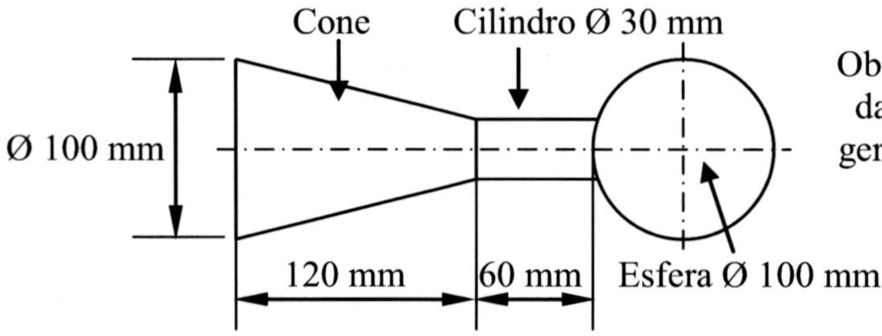

Observa-se que a interseção da esfera com o cilindro, gera uma calota esférica, adiante detalhada.

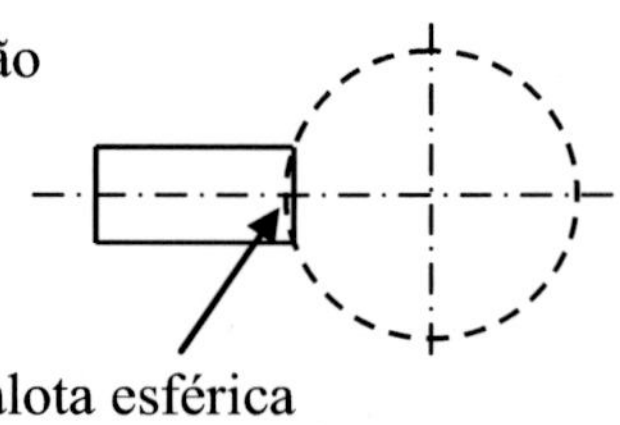

O raciocínio lógico espacial mostra que terão que ser calculados quatro volumes: 1) De um tronco de cone reto; 2) De um cilindro reto; 3) De uma esfera e 4) De uma pequena calota esférica.

1) Volume do tronco de cone: inicialmente, determinam-se as dimensões do cone, para depois por diferenças, calcular o volume do tronco.

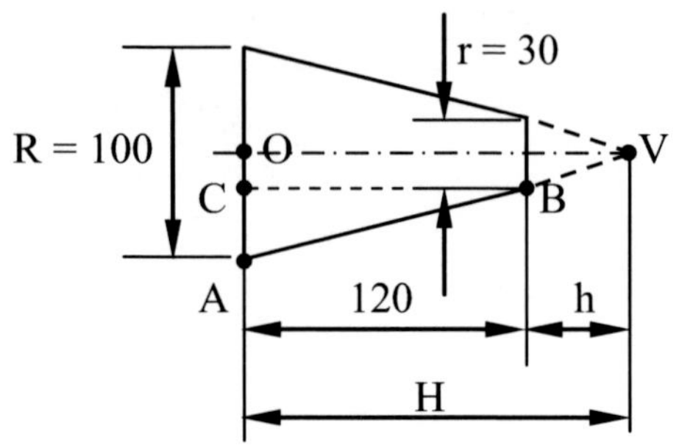

*50 = metade do diâmetro maior do cone.

$AC = \dfrac{100 - 30}{2} = 35$. Por semelhança de triângulos retângulos**:

$\dfrac{VO}{OA} = \dfrac{120}{AC} \Rightarrow \dfrac{H}{*50} = \dfrac{120}{35} \Rightarrow H = \dfrac{50 \times 120}{35} \Rightarrow H = 171{,}43$ mm.

$h = H - 120 \Rightarrow h = 171{,}43 - 120 \Rightarrow h = 51{,}43$ mm.

**São dois triângulos retângulos semelhantes: AVO e ABC.
Volume tronco = Volume cone maior - Volume cone menor.

Volume cone maior = $\frac{\pi R^2 H}{3} = \frac{\pi(50\text{ mm})^2\,(171{,}43\text{ mm})}{3}$ = 448.575,16 mm³.

Volume cone menor = $\frac{\pi r^2 h}{3} = \frac{\pi(15\text{ mm})^2\,(51{,}43\text{ mm})}{3}$ = 12.111,77 mm³.

Volume do tronco = 448.575,16 mm³ - 12.111,77 mm³ = 436.463,39 mm³ = 436,4634 cm³ = 0,4364634 dcm³.

Volume do tronco = 0,436 litros.

2) Volume do cilindro: V = $\pi r^2 h = \pi(15\text{ mm})^2(60\text{ mm})$ = 42.390 mm³ = 42,390 cm³ = 0,04239 dcm³.

Volume do cilindro = 0,0424 litros.

3) Volume da esfera: V = $\frac{4\pi R^3}{3} = \frac{4\pi(50\text{ mm})^3}{3}$ = 523.333,33 mm³ = 523,33333 cm³ = 0,52333333 dcm³.

Volume da esfera = 0,5233 litros.

4) Volume da calota esférica: como esse volume envolve o conceito de ângulo sólido que, normalmente, não é estudado na Educação Básica, aqui será mostrada apenas a fórmula e a solução para esse problema.

R = 50 mm
r = 15 mm

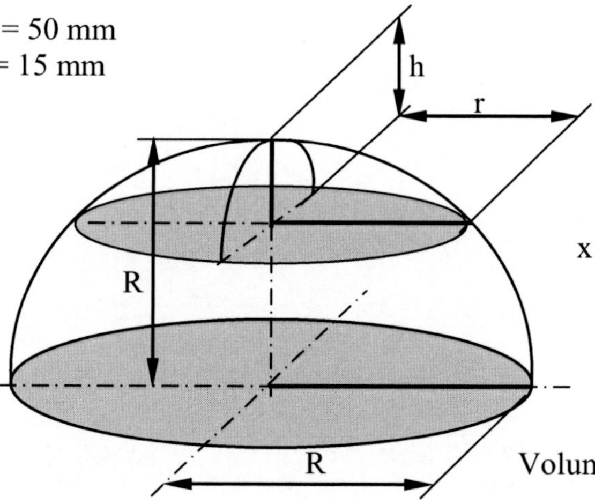

h = R - x

$R^2 = r^2 + x^2 \Rightarrow$
$x^2 = R^2 - r^2 \Rightarrow$
$x = \sqrt{R^2 - r^2} \Rightarrow$
$x = \sqrt{2.500 - 225} \Rightarrow$
x = 47,7 mm

h= R - x = 50 - 47,7 =>
h = 2,3 mm.

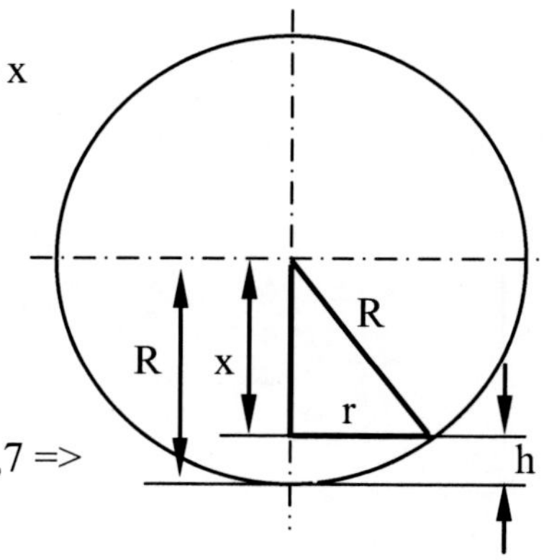

Volume da calota = $\frac{\pi . h(3r^2 + h^2)}{6} = \frac{(\pi)(2{,}3)(3.15^2 + 2{,}3^2)}{6} \Rightarrow$

Volume da calota = 18,31 mm³ = 0,01831 cm³ = 0,00001831 dcm³ = 0,00001831 litros.

Como o volume da calota tem que ser subtraído do volume da esfera, portanto:

Volume da parte esférica = 0,5233 litros - 0,00001831 litros = 0,52328 litros.

Observa-se que o volume da calota é mínimo. Na prática é desconsiderado.

Volume de cada peça = 0,436 litros + 0,0424 litros + 0,52328 litros.

Volume de cada peça = 1,00168 litros = 1,002 dcm³.

Cálculo do peso de cada peça:

Peso específico do pó = 670 kg/m³ = 0,67 kg/dcm³.

0,67 kg/dcm³, significa que um cubo desse material, com aresta de 10 cm, pesa 0,67 kg ou 670 gramas.

Peso de cada peça = 1,002 dcm³ x $\frac{0{,}67\text{ kg}}{\text{dcm}^3}$ = 0,671 kg. Ou seja: cada peça pesa cerca de 671 gramas.

Conclusão: serão necessários 10,02 litros de pó, equivalentes a cerca de 6,71 kg, para imprimir as 10 peças.

5.5 Exercícios propostos

5.5.1) Uma caixa cúbica tem um volume de 27 dcm^3 e no seu interior são colocadas esferas, todas de mesmo diâmetro, conforme mostra uma visão de uma das faces do cubo. Baseado nisso pedem-se: a) Qual o diâmetro de cada esfera? b) Quantas esferas podem ser colocadas, dessa forma? e c) Qual a relação percentual entre a soma dos volumes de todas as esferas, em relação ao volume da caixa? (Usar $\pi = 3{,}1416$).

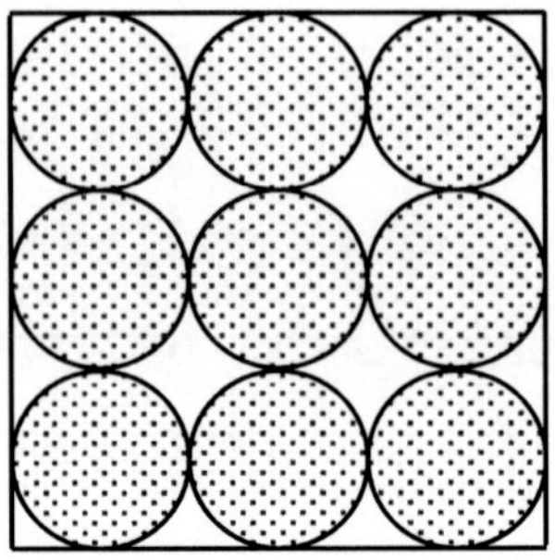

5.5.2) Uma esfera, a seguir mostrada, tem diâmetro de 50 cm e o furo que passa por toda a esfera, do Pólo Norte ao Pólo Sul, tem diâmetro 20 cm. Determinar o volume da esfera furada, em dcm^3. (Usar $\pi = 3{,}1416$).

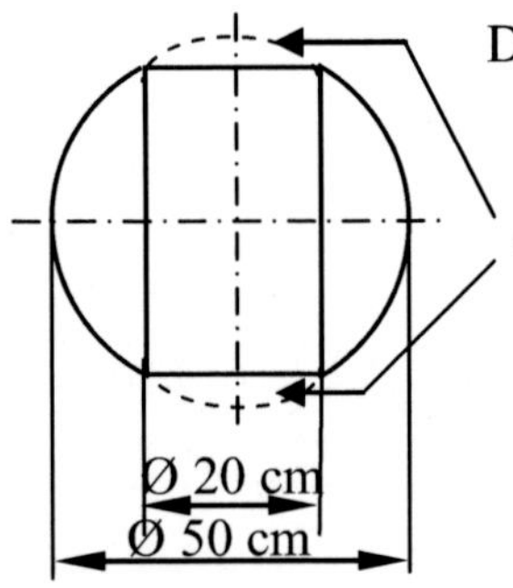

Dado complementar: Volume de uma calota esférica = $\dfrac{\pi.h(3r^2 + h^2)}{6}$.

As duas calotas esféricas são retiradas

5.5.3) Um circo tem sua cobertura no formato de um cone reto, com 24 metros de raio de base e 7 metros de altura. A parte cilíndrica tem, por óbvio, 24 metros de raio e 3 m de altura. Com esses dados, determinar a área de lona necessária para cobrir totalmente o circo.

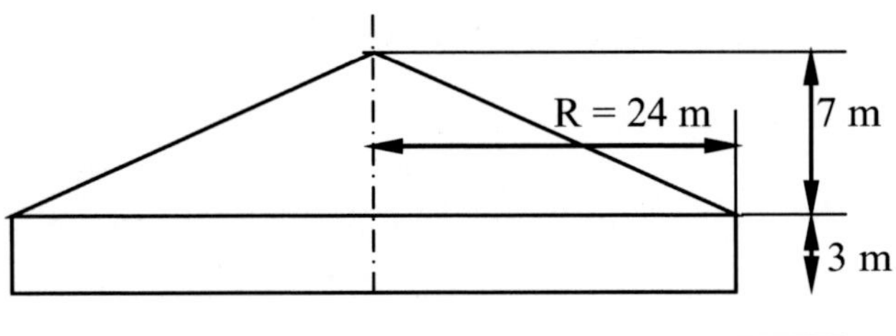

5.5.4) Um tronco de madeira, em forma de cilindro, de altura H e raio R, é transformado em uma barra de madeira, em forma de um paralelepípedo de base quadrada, com aproveitamento máximo da madeira. Sabendo que o volume original do tronco era $V = \pi R^2 H$, determinar o volume da barra. (Usar $\pi = 3{,}1416$).

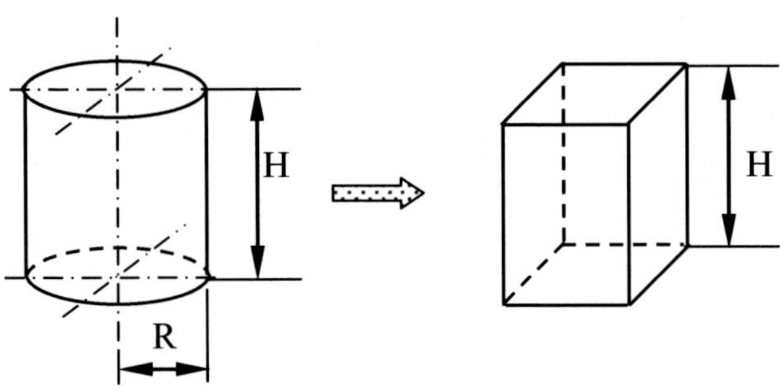

Capítulo 6

Algoritmo e fluxograma. A Geometria Dinâmica. O Word e *Softwares* usados para Desenhos Geométricos.

6.1 O que é um algoritmo? O que é um fluxograma, aplicado ao Desenho Geométrico?

Um algoritmo pode ser definido como uma sequência finita e lógica de regras, raciocínios ou operações que, aplicada a uma determinada construção geométrica, permite solucionar problemas. Ao longos dos capítulos desse livro, em diversos exercícios foram detalhados o passo a passo das construções geométricas. Neste capítulo, será mostrado um algoritmo, para o desenho de um heptágono regular inscrito a uma dada circunferência.

Em termo simples e popular, um algoritmo pode ser pensado como uma "receita de bolo ou comida", com a descrição dos produtos a serem usados e detalhes do preparo. Num algoritmo para desenho geométrico é detalhado o passo a passo, no máximo detalhe possível. Uma vez que um algoritmo esteja completo, é possível projetar ou criar um programa de computador ou *software* (através de programação), para resolver um determinado problema.

Fluxograma ou diagrama de fluxo é um desenho (com símbolos geométricos) que mostra a sequência lógica de um algoritmo. Ou seja, de forma resumida, pode-se afirmar que algoritmo é a parte escrita e fluxograma é a imagem com símbolos específicos, para a execução de uma construção ou Desenho Geométrico.

Observa-se que o capítulo atual se refere à habilidade EF08MA16, citada na BNCC, para aulas de Geometria. Essa habilidade cita: "Descrever, por escrito e por meio de um fluxograma, um algoritmo para a construção de um hexágono regular de qualquer área, a partir da medida do ângulo central e da utilização de esquadros e compasso". Será descrito um algoritmo para um heptágono.

6.2 Tipos de algoritmos

Existem os seguintes três tipos de algoritmos, cada um com as suas aplicações específicas: descrição narrativa, fluxograma e o pseudocódigo ou portugol.

Na **descrição narrativa**: analisa-se o enunciado do problema, escrevendo os passos que devem ser seguidos para a resolução do problema. Observa-se que ao longo deste livro, todas as construções geométricas têm o seu passo a passo descrito, sendo em muitos exercícios resolvidos também mostrado o raciocínio lógico que se aplica ao problema.

O **fluxograma** consiste em analisar o enunciado do problema e escrever, utilizando símbolos gráficos predefinidos, os passos que devem ser seguidos para a resolução do problema.

No **pseudocódigo ou portugol** analisa-se o enunciado do problema, escrevendo os passos que devem ser seguidos para a resolução do problema. O Portugol é uma linguagem de programação voltada para iniciantes, possuindo uma sintaxe simples e intuitiva, o que facilita o processo de aprendizado. O Portugol também serve como uma base sólida para a compreensão de outras linguagens de programação mais complexas.

Portugol, também conhecido como Português estruturado, é uma família de linguagens de programação que possui como base a língua portuguesa. A primeira variação de Portugol foi criada pelo professor António Manso em 1983, no Instituto Politécnico de Tomar, em Portugal. Essa criação iniciou como uma tradução da linguagem de programação Pascal para a língua portuguesa.

6.3 Símbolos Básicos usados em fluxogramas

Observa-se que os símbolos a seguir mostrados foram desenhados usando o programa Word, que tem esses símbolos já disponíveis. Observa-se que, como todo símbolo no Word, os aqui mostrados também podem ter suas dimensões e posições alteradas.

A forma de “pílula” representa o início e o fim de uma atividade: 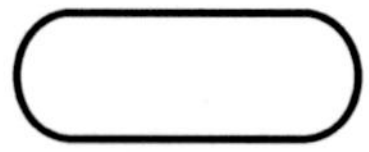

A forma retangular representa um processo ou atividade: 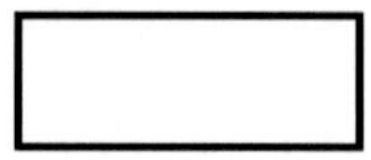

A forma do paralelogramo representa a entrada e a saída da informação: 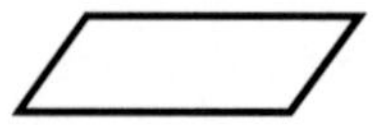

A forma do diamante representa uma decisão: 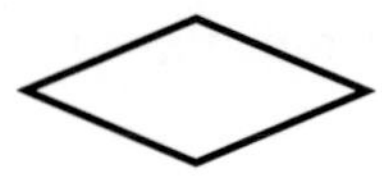

A forma de seta representa o fluxo da sequência de atividades e decisões: 

6.4 O que é a Geometria Dinâmica? *Softwares* que podem ser usados para a prática do Desenho Geométrico, por alunos do 8º ano do Ensino Fundamental

É importante deixar claro que, o ensino e aprendizado do Desenho Geométrico, especialmente no Ensino Fundamental, tem como objetivo principal o desenvolvimento e aperfeiçoamento das habilidades motoras ou pictóricas e visuais, bem como do raciocínio lógico matemático geométrico. Ou seja, o ensino e aprendizado do desenho Geométrico é muito mais do que “ser adestrado” no uso de programas ou *softwares*, capazes de executar com precisão e rapidez, as mais complexas construções geométricas.

Além de ajudar em muito esses desenvolvimentos e facilitar o aprendizado da Matemática, quando se executa um Desenho Geométrico, usando papel, esquadros, compasso, régua, lápis, transferidor e borracha, em verdade se aumenta a concentração da pessoa. Esta afirmação pode ser comprovada em qualquer escola, de qualquer lugar, pois enquanto os alunos fazem os desenhos, ficam quietos e “imersos” nos seus pensamentos. Essa imersão e concentração, chegam à euforia, quando se utiliza as construções geométricas, por exemplo, para a execução de belas obras coloridas de Arte Geométrica, como já mostradas ao longo dos diversos capítulos.

O termo “Geometria Dinâmica” é utilizado para definir programas interativos que possibilitam a criação e manipulação de figuras geométricas a partir de suas propriedades. Esses programas também são utilizados nas geometrias analítica e descritiva, bem como em pesquisas.

Na geometria dinâmica há diversos recursos disponíveis como, por exemplo, uso de cores nos desenhos, sistemas de coordenadas cartesianas e polares, calculadora interna, medição de ângulos, distâncias e áreas. Com programas de Geometria Dinâmica é possível clicar em um ponto do desenho construído e arrastá-lo pela tela, com o *mouse*, mudando sua configuração. É dessa possibilidade de movimentação que vem o termo geometria dinâmica.

A principal característica da Geometria Dinâmica é que as imagens podem ser arrastadas na tela do computador, utilizando o *mouse*, possibilitando a transformação de figuras geométricas em tempo real. Com isso, a tela fornece a impressão que o desenho se deforma com o processo de arrastar, enquanto mantém as relações especificadas como essenciais da construção original. Outra característica da Geometria Dinâmica é permitir rapidez na execução dos desenhos, pois figuras que demorariam muito tempo para serem construídas no papel, com régua e compasso, são criadas no computador em segundos.

Dentre os principais programas de Geometria Dinâmica os seguintes se destacam: Tabulae, Geogebra, Régua e Compasso, Cabri Géomètre e Cabri 3D. Embora não sejam de Geometria Dinâmica, os programas AutoCad e Word podem ser utilizados para desenhos geométricos. Nesse livro, todas as imagens existentes foram desenhadas em Word, inclusive com o preenchimento de cores.

O Tabulae é um *software* de Geometria Dinâmica plana que foi desenvolvido no “Projeto Enibam” do Instituto de Matemática da Universidade Federal do Rio de Janeiro - IM/UFRJ. Esse programa é gratuito.

Geogebra: "Geometria + Álgebra", é um programa austríaco gratuito que reúne Geometria, Àlgebra e Cálculo. De forma geral, podem ser construídos pontos, segmentos de reta, polígonos, circunferências, vetores, gráficos de funções, curvas cônicas (circunferências, elipses, parábolas e hipérboles), que podem ser dinamicamente modificados com um simples movimento do *mouse*. Uma vantagem do Geogebra é a de apresentar duas representações diferentes de um mesmo objeto: a representação geométrica e a algébrica. Esse programa pode ser utilizado em vários idiomas, inclusive português.
Régua e Compasso (CaR) é um programa de Geometria Dinâmica que pode ser baixado gratuitamente. Esse programa possibilita construções dinâmicas e interativas. Após algumas construções, os objetos geométricos podem ser deslocados na tela sem modificação das relações geométricas.
O Cabri-Géomètre II é um *software* educativo específico para o aprendizado da geometria. Foi desenvolvido por Jean-Marie Laborde e Franck Bellemain, no Institut D'Informatique et Mathématiques Appliquées de Grenoble, França. O Cabri possui muitos recursos na construção das figuras geométricas possibilitando movê-las e deformá-las, Permite criar e explorar figuras geométricas de forma interativa através da construção de pontos, retas, triângulos, polígonos, círculos e outros objetos.
Cabri 3D é um *software* de matemática dinâmica tridimensional. Ele foi desenvolvido pela empresa francesa Cabrilog, permitindo a construção em três dimensões e, ao mesmo tempo, tem os benefícios da geometria interativa. Ele oferece uma interface lúdica e intuitiva com ferramentas de visualização 3D, que muito facilitam o ensino/aprendizado da geometria.

6.4.1 O Word usado como *software* para a prática do Desenho Geométrico

Embora não seja um programa de Geometria Dinâmica, o Word possibilita de forma fácil e prática, a construção de muitos Desenhos Geométricos. Uma comprovação dessa afirmativa é que: "todos os desenhos contidos nesse livro foram feitos usando o Word". Embora não pareça e não seja muito difundido, o Word possuí diversos recursos para desenhar.
Nos volumes 1 e 2, dos livros "Desenho Geométrico e Geometria I e II", estão descritas várias possibilidades do Word, para uso em atividades de Desenho Geométrico, para o Ensino Fundamental. Mais uma vez observa-se que, embora nesse capítulo o foco seja o Desenho Geométrico usando o *software* Word, é imprescindível que alunos pratiquem a Arte Geométrica com os instrumentos clássicos e usem lápis de cor, para dar mais luz e beleza às suas Obras de Arte.

6.5 Exemplo de um fluxograma

O exemplo a seguir, refere-se a um fluxograma para a análise do rendimento escolar, com aprovação ou reprovação, utilizado por várias instituições de Ensino Superior, com disciplinas semestrais. As premissas para esse fluxograma são: 1ª: cada aluno faz duas provas, com notas P1 e P2. Não existem restrições para que, em casos especiais, o aluno tenha apenas uma nota ou P1 ou P2; 2ª: A média de P1 e P2 é calculada como: (P1 + P2)/2 = M1; 3ª: alunos com média M1 igual ou superior a sete (7,0) estão aprovados e não são obrigados a fazer a Prova Final ou PF. Mesmo com média M1 igual o superior a sete (7,0), o aluno pode pedir para fazer a Prova Final - PF, objetivando melhorar o seu Coeficiente de Rendimento ou CR. Nesse caso o aluno terá sua média final calculada como mostrada no fluxograma, podendo inclusive ficar reprovado, por exemplo, se sua média final ficar menor que cinco (5,0); 4ª: alunos com média M1 menor que três (3,0), ficam reprovados automaticamente, não podendo realizar a Prova Final ou PF e 5ª: a Média Final MF é calculada como: MF = (M1 + PF)/2 e, caso o aluno tenha Média Final igual ou maior que cinco (5,0) está aprovado, caso não, está reprovado.

A seguir é mostrado o fluxograma, utilizando os símbolos mostrados no parágrafo 6.3.

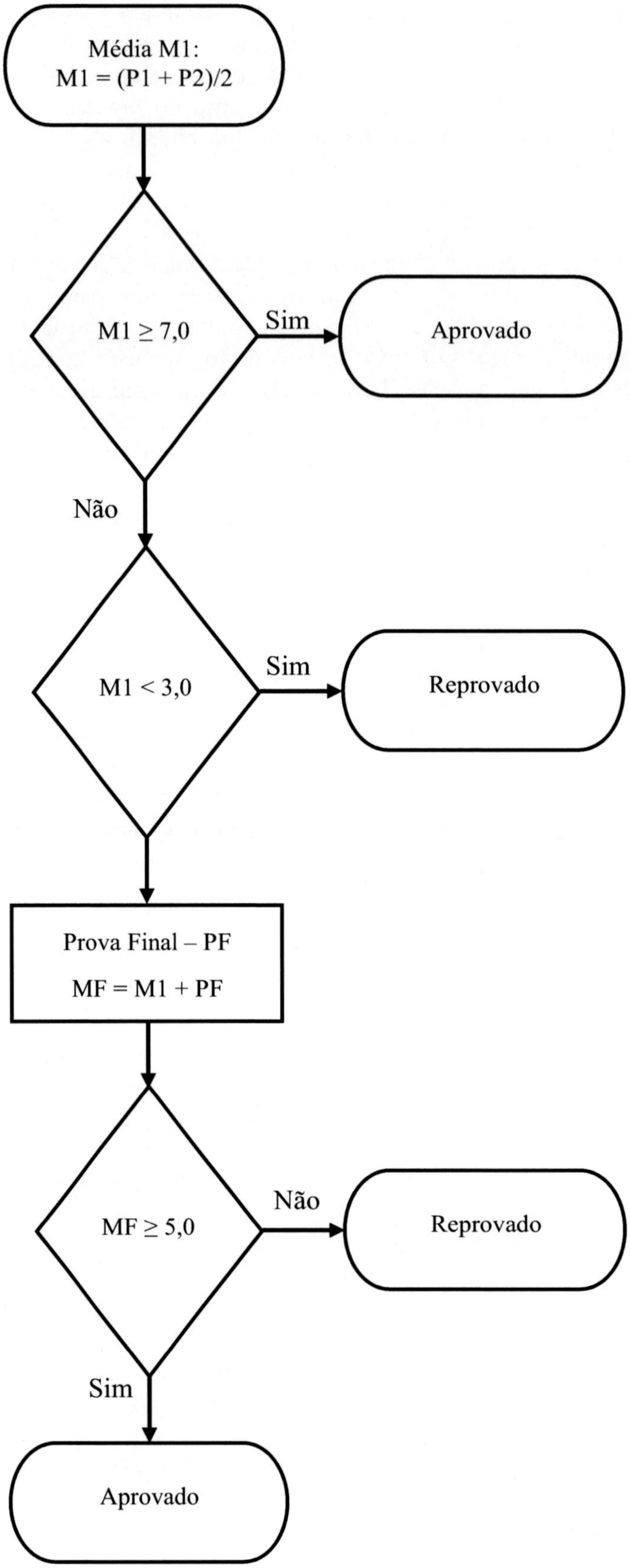
Média M1:
M1 = (P1 + P2)/2
M1 ≥ 7,0
Sim
Aprovado
Não
M1 < 3,0
Sim
Reprovado
Prova Final – PF
MF = M1 + PF
MF ≥ 5,0
Não
Reprovado
Sim
Aprovado

6.6 Passo a passo (algoritmo), para o desenho de um pentágono regular inscrito a uma circunferência de diâmetro 6 cm

Os passos a seguir foram desenhados usando o programa Word, na escala 1: 1, utilizando a régua 1:100 do escalímetro. Observa-se que, estes passos também foram feitos com esquadro e compasso em folha A4.

1º Passo: localizo o centro da circunferência e traço os eixos de simetria horizontal e vertical:

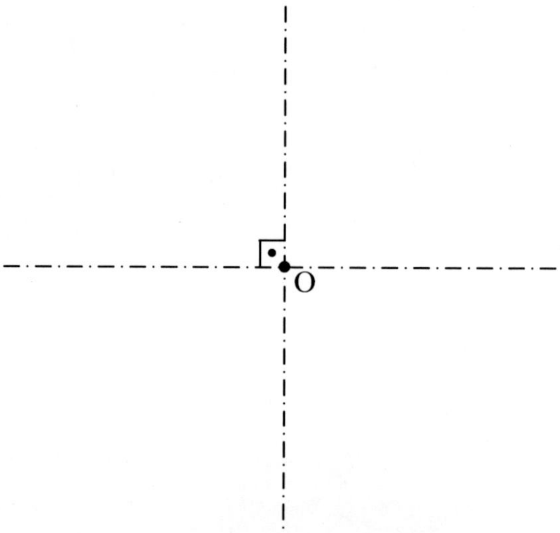

Lembra-se que os eixos de simetria são perpendiculares, sendo traçados com o par de esquadros, como já visto.

2º Passo: traço a circunferência, abrindo o compasso com 3 cm, pois o diâmetro é 6 cm:

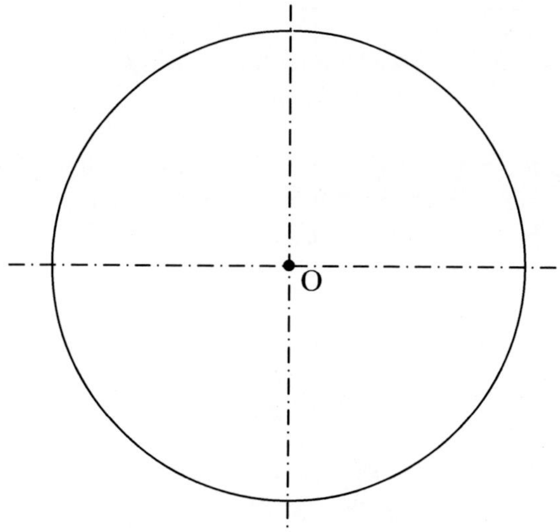

3º Passo: traço a mediatriz do semieixo direito e horizontal, OA, da circunferência, determinando os pontos B, M e C.

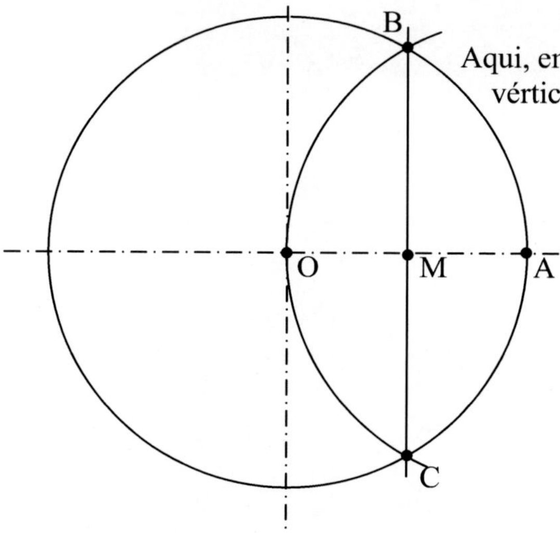

4º Passo: com centro em M e raio MD, traço um arco para baixo e para a direita, determinando o ponto E, no semieixo à esquerda. A distância DE é equivalente ao lado do pentágono.

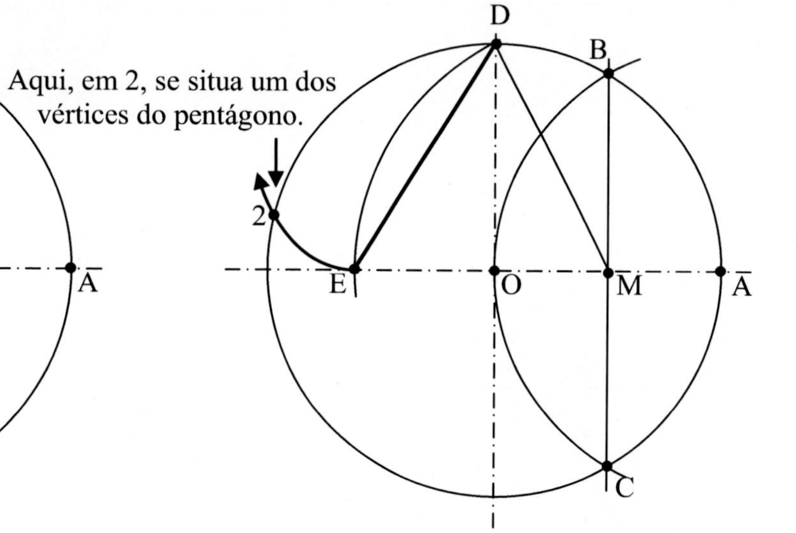

5º Passo: usando a medida DE, traço o pentágono, inscrito à circunferência de diâmetro 6 cm.

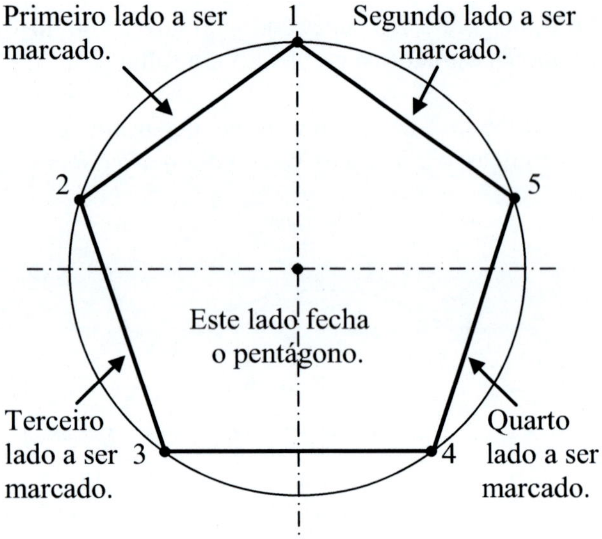

6º Passo: o pentágono finalizado.

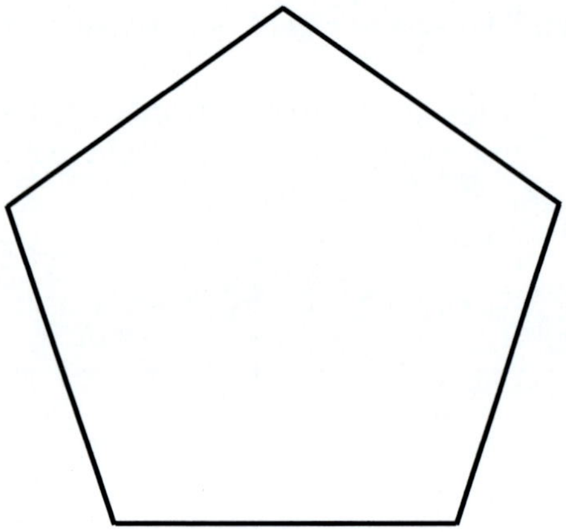

6.7 A Arte Geométrica utilizando o algoritmo para desenhar um pentágono regular inscrito

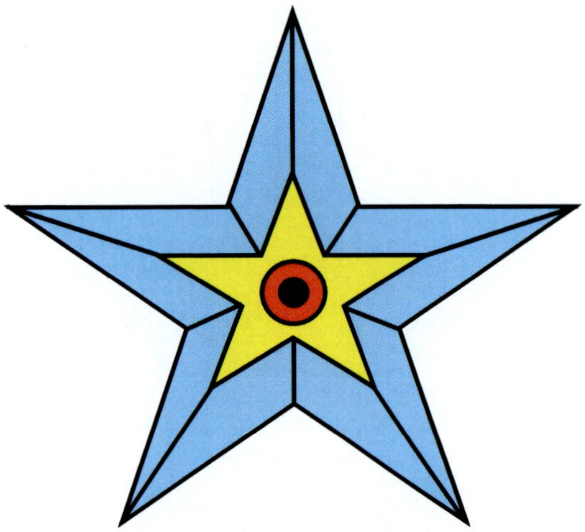

Capítulo 7

História da Arte e da Arte Geométrica. A Geometria da dobradura de papel. Arte Geométrica com o tangram

7.1 Um pouco de História

Na antiguidade, literalmente no tempo das cavernas, a Geometria, ainda que rudimentar, foi utilizada por diversas culturas, em diferentes partes do mundo, por meio da Arte, com marcações nas pedras e cavernas (pinturas rupestres), construção de objetos para utensílios, decorações e na criação de desenhos para a pintura corporal, o qual está interligada com a Geometria tão presente no meio artístico, com curvas, retas e figuras geométricas perfeitas e, cores vivas que alegram e enfeitam o nosso cotidiano.

Na caverna de Chauvet, na França, existe a marcação de uma mão impressa na parede do fundo, que foi datada como tendo sido feita há mais de 30 mil anos. Em diversas cavernas da Europa existem muitas artes rupestres datadas com mais de 15 mil anos.

Chama-se período geométrico um dos seis períodos da história da Grécia Antiga, aproximadamente entre 900 a.C. e 750 a.C., sendo caracterizado pela existência de motivos geométricos na cerâmica, que floresceram no final da "Idade das Trevas" (1150 a.C. e 800 a.C.). O centro da Arte Geométrica era Atenas, sendo difundida entre as cidades comerciais das Ilhas Egeias (grupo de ilhas no mar Egeu, perto da Grécia e Turquia).

O cubismo surgiu na França em 1907, com a obra "As senhoritas de Avignon" (*Les Demoiselles d'Avignon*). De Pablo Picasso (1881-1973). Nessa obra, que foi considerada um marco inicial desse movimento artístico, a nudez feminina foi retratada de maneira diferente. As formas reais do corpo foram substituídas por figuras geométricas.

Esse movimento, que transformou as artes, ocorreu em uma época marcada por muitas inovações tecnológicas, já durante a 2ª Revolução Industrial, inclusive com o uso da eletricidade e do petróleo. O cubismo rompeu com o pensamento tradicional, precedendo a Primeira Guerra Mundial (1914-1918). A utilização de formas geométricas, como cubos e cilindros, nas artes plásticas é uma das principais características do movimento chamado cubismo. A importância do cubismo para a história da arte mundial deve-se, principalmente, por romper com os padrões clássicos que existiam naquele período, quando a representação realista da natureza e a perfeição das formas eram as principais marcas estéticas. A principal característica do cubismo foi a representação das figuras em vários planos, objetivando a tridimensionalidade na pintura. Picasso, juntamente com o pintor e escultor francês Georges Brasque (1882-1963), fundaram o cubismo. Essa manifestação chegou ao fim em 1914, com o início da Primeira Guerra Mundial.

A utilização de cones, cilindros, esferas, círculos e triângulos, para retratar a realidade, foi a principal característica do cubismo. Os artistas buscavam promover uma fragmentação e geometrização das formas apostando na simultaneidade de visualizações permitidas a partir da observação de um objeto, que poderia ser visto sob ângulos diferenciados. Destaca-se ainda a utilização de cores fechadas e austeras, representações do volume colorido sobre superfícies planas e renúncia à perspectiva e ao claro-escuro, o que causava uma sensação de pintura escultórica.

O cubismo durou entre os anos de 1907 e 1914 e foi dividido em três fases. A primeira delas, chamada de cézzaniana ou analítica, ocorreu entre os anos de 1907 e 1909. O nome deve-se ao destaque das obras de arte de Paul Cézanne () nesse período. Entre 1909 e 1912, surgiu a fase analítica ou hermética, tendo como principal característica a decomposição da obra em todas as suas formas, o que permitia a visualização dos elementos de uma pintura em ângulos variados. Também nesse momento houve um destaque das obras de Picasso e Braque. As cores cinza, bege e castanho eram as mais utilizadas. A terceira fase, em 1911, foi o cubismo sintético, onde as cores escuras e marcantes ganharam destaque, além da utilização da colagem de objetos inteiros nas pinturas, como pedaços de madeira, vidro, metal, números, palavras e letras. Isso era utilizado pelos artistas como uma maneira de possibilitar mais do que sensações apenas visuais, mas também sensações táteis.

No Brasil, o cubismo surgiu somente após a Semana de Arte Moderna de 1922, embora os artistas mesclassem as características do cubismo com outros estilos artísticos. Nomes como Anita Malfatti (1889-1964), Vicente do Rego Monteiro (1899-1970), Tarsila de Aguiar do Amaral (1886-1973) e Emiliano

Augusto Cavalcanti de Albuquerque Melo ou Di Cavalcanti (1897-1976) foram alguns dos primeiros artistas brasileiros que utilizaram as formas geométricas do cubismo em suas obras.
Muitos pintores famosos, mesmo praticando obras clássicas e ou surrealistas, em alguns trabalhos lançaram mão de elementos geométricos. Dentre os vários famosos, cabe citar Pieter Cornelis Mondrian (1872-1944), que produziu centenas de quadros tipicamente apenas com elementos geométricos simples, mas que, quando preenchidos e combinados com as mais diversas cores, constituíram-se em belas obras de arte, de grande valor artístico.
No Brasil, além dos já citados, tivemos, e ainda temos, muitos artistas geométricos, dentre os quais: Paulo Werneck (1907-1987), Lygia Clark (1920-1988), Ivan Serpa (1923-1973), Geraldo de Barros (1923-1998), Hélio Oiticica (1937-1980) e Paulo Roberto Leal (1946-1991). Em 2024, com 64 anos de idade e atuante, a artista plástica Beatriz Ferreira Milhazes, podia ser apontada como uma moderna artista geométrica, sendo sua obra caracterizada pelo uso da cor, de estruturas geométricas, arabescos**, florais e motivos ornamentais.
**Arabescos são desenhos formados por padrões geométricos que fazem parte da cultura dos países muçulmanos. Podem ser pintados ou esculpidos e são muito usados na arte islâmica, na arquitetura, na tapeçaria e na decoração. A palavra arabesco é italiana e significa "à maneira árabe". Sua origem é do árabe 'arab, que parece significar "habitante do deserto".
Além de belos quadros artísticos, a arte geométrica é muito utilizada na decoração de tecidos, produtos industriais e vários objetos domésticos.
A Arte praticada com elementos Geométricos oferece aos alunos uma aprendizagem prazerosa e criativa, facilitando em muito o aprendizado da Matemática. O autor considera o Desenho Geométrico como a Matemática das imagens.

7.2 Como é formado e quais são as sete cores do arco-íris

O arco-íris é um fenômeno ótico e meteorológico que ocorre quando há chuva seguida de iluminação solar. Esse efeito acontece devido à dispersão da luz branca em cores do espectro visível da luz. As gotículas de água funcionam como um prisma, a luz penetra dentro das gotas, é refletida em um ângulo de aproximadamente 42° e volta a ser refletida para a atmosfera, encantando os olhos dos observadores, nas seguintes sete cores visíveis: vermelho, laranja, amarelo, verde, azul-céu, anil e violeta. Na realidade, o arco-íris é formado por infinitas cores, e aparece apenas quando o Sol está no lado contrário do observador e com uma altura baixa, como no poente, ou seja, quando o Sol está se pondo.

7.3 Efeitos comportamentais e psicológicos das cores

Pesquisas relacionadas às preferências de cores, relacionadas à compra de produtos, mostram que cerca de metade (50%) da população mundial prefere a cor azul. As outras cores têm percentuais de preferência bem distribuídos, tendo relação com o clima de onde a pessoa vive, seus hábitos culturais e até religiosos. Outra coisa interessante é quanto ao contraste de cores, onde pesquisas indicam que isso ocorre com a combinação do amarelo ouro com o preto. Ou seja, essas são as duas cores que, quando juntas, mais chamam a atenção.
Quanto aos efeitos psicológicos, as cores são classificadas em quentes, frias e neutras. As cores quentes são: amarelo, vermelho, laranja, vermelho alaranjado e laranja amarelado. As frias são: azul, verde, violeta, azul esverdeado, verde amarelado e roxo azulado. As cores neutras são o branco, o preto, e principalmente as lidades do cinza. No entanto, também podem ser neutros todos os demais subtons das outras cores, como as tonalidades mais fracas, afetadas pela mistura com o branco ou o preto, sendo que as mais comuns são o bege e o marrom.
Arquitetos e especialistas em decoração afirmam que o uso das cores neutras é uma forma de deixar a casa mais aconchegante, ampliar visualmente e manter os espaços sempre atuais. Elas são opções amenas e elegantes que, ao contrário do que se pensa, vão muito além dos tradicionais branco e bege. As cores quentes transmitem sensação de calor, alegria e descontração, enquanto as cores frias passam a ideia de calma, tranquilidade e esperança.

7.4 A Arte Geométrica das linhas curvas, utilizando o programa Word

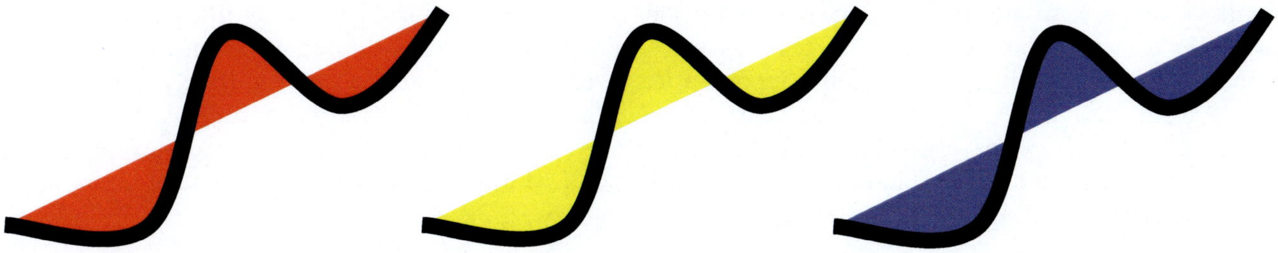

7.5 Fazendo Arte Geométrica com a dobradura de papel ou *origami*

Origami é a arte da dobradura de papel. A palavra é oriunda do japonês, onde *ori* significa dobrar e *kami* significa papel. Essa arte milenar consiste na criação de objetos e formas a partir de um pedaço de papel quadrado ou retangular, sem cortá-lo, onde as faces podem ser de cores diferentes. É muito praticada no Japão. *Kirigami* é outra arte tradicional japonesa de recorte do papel, onde *kiri* significa recortar e *kami* papel. Com essa arte é possível criar representações de determinados seres ou objetos, e até coisas inexplicáveis! Existe uma infinidade de dobraduras de *origami*, aqui serão mostrados dois exemplos: um peixe tipo arraia e um peixe típico de aquário, ressaltando as formas geométricas que vão surgindo, nesses casos, basicamente triângulos, quadriláteros e alguns polígonos.

7.5.1 Dobrando um peixe arraia (ou raia)

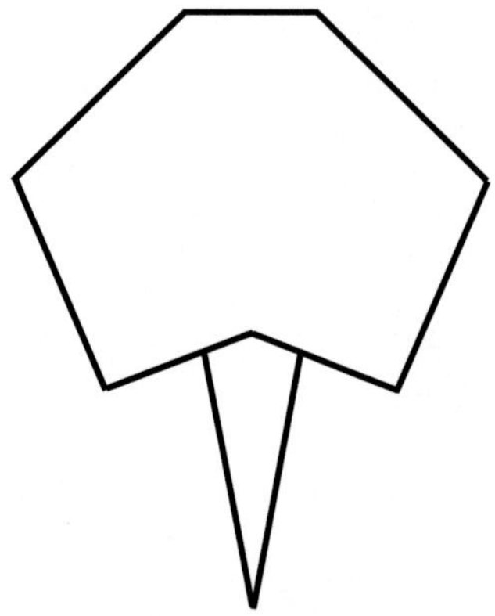

A dobradura que será demonstrada a seguir, passo a passo, será feita a partir de uma folha quadrada de lado 21 cm, obtida a partir de uma folha A4. Antes de detalhar os passos para se obter o peixe tipo arraia, é mostrado como se obtém uma folha quadrada a partir de um A4.
Ao final da dobradura, a arraia terá a imagem geométrica externa como essa da direita, observando-se que essa simples imagem por si só já é uma Arte Geométrica, vendo-se nitidamente triângulos e um pentágono irregular. Ao longo das dobras surgem também mediatrizes e bissetrizes. Uma vez o peixe pronto, ele pode ser pintado, além da colocação de olhos, lembrando que esse tipo de peixe tem os dois olhos voltados para cima. As arraias ou raias possuem um corpo achatado e vivem no fundo de mares e rios. A maioria das espécies de arraia tem a boca voltada para baixo e se alimentam, principalmente, de pequenos crustáceos como camarões e caranguejos.

Inicialmente mostra-se como obter um papel quadrado por exemplo, a partir de uma folha A4, que tem como dimensões: largura 21 cm e altura 29,7 cm.

Como obter folhas quadrada, a partir de um formato A4

Ao cortar na linha marcada e desdobrando o triângulo tem-se: um quadrado e um retângulo.

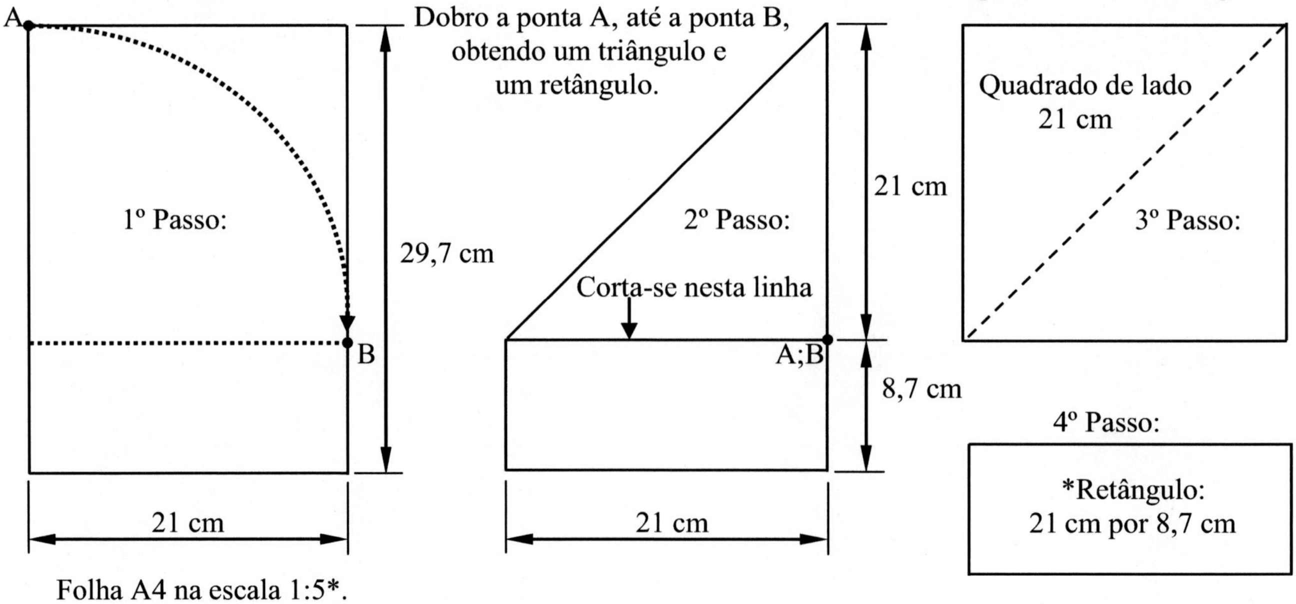

Folha A4 na escala 1:5*.
(*1:5 igual a cinco vezes menor)

5º Passo:

*Observa-se que, com o retângulo 21 cm x 8,7 cm, ainda podem ser obtidos dois quadrados de lado 8,7 cm.

Dobrando um peixe arraia, a partir de uma folha quadrada (desenho na escala 1:5)

1º Passo: posiciono folha quadrada girada de 45º, dobrando a diagonal CD, como mostrado.

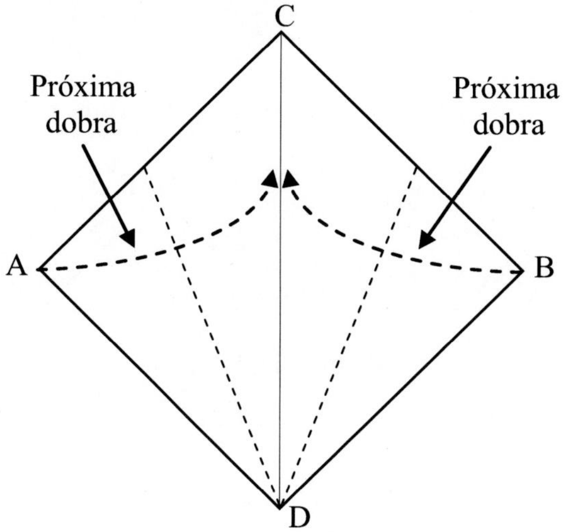

2º Passo: dobro os vértices A e B, conforme indicado, para a direita e para a esquerda, em direção ao centro, determinando E e F.

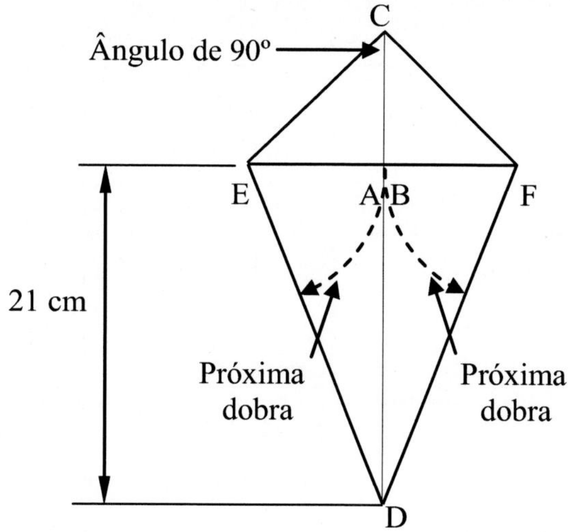

3º Passo: dobro pontos A e B, para baixo e para a esquerda e direita, determinando G e H.

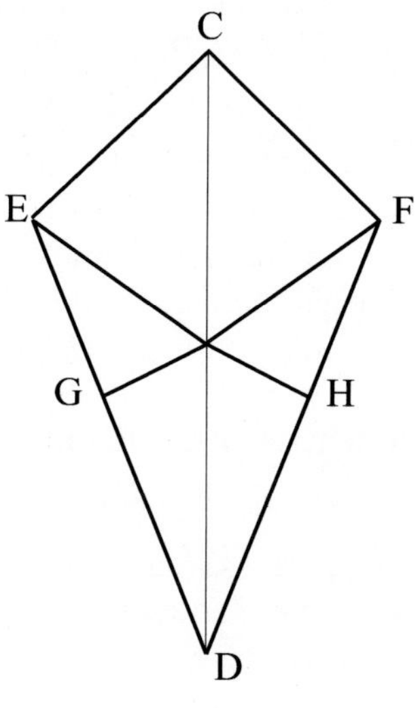

4º Passo: viro a folha dobrada, obtendo a imagem abaixo, com os pontos E,F,G e H, em posição trocada.

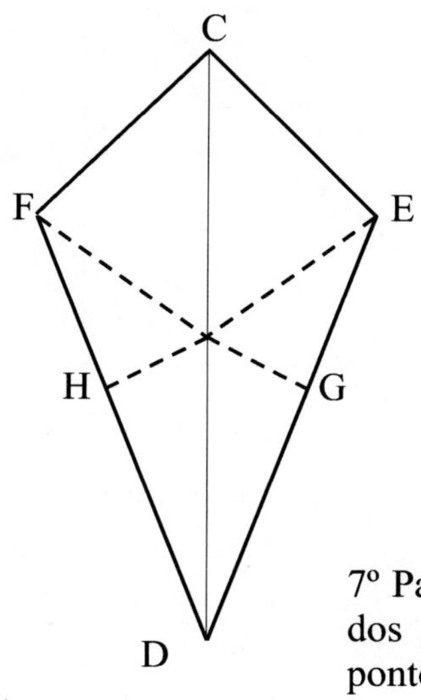

5º Passo: dobro o ponto D, até o ponto C, determinando os pontos I e J e a imagem abaixo.

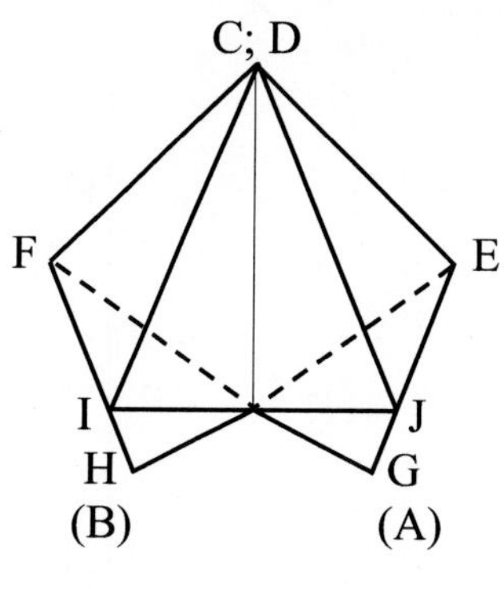

6º Passo: desdobro o ponto D para baixo, determinando os pontos K e L, com nova dobra, bem como o ponto O.

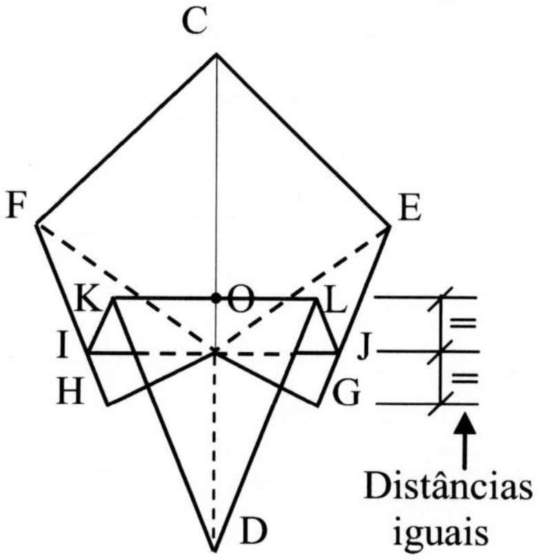

7º Passo: marco os pontos médios M1 e M2, dos segmentos OL e OK. Empurrando os pontos K e L para o centro, linha CD, faço uma dobra, de cada lado, até o ponto D, formando o rabo da arraia.

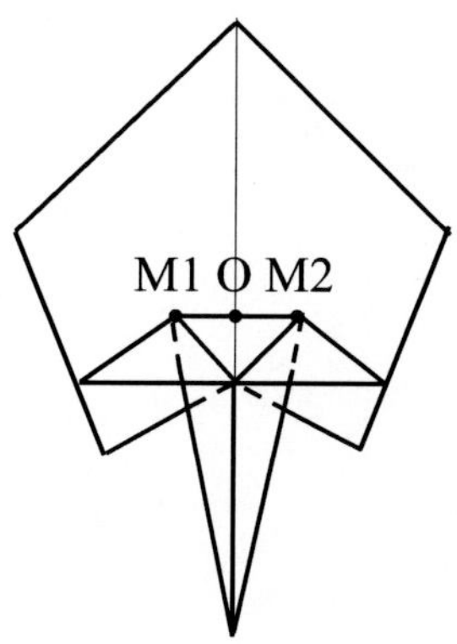

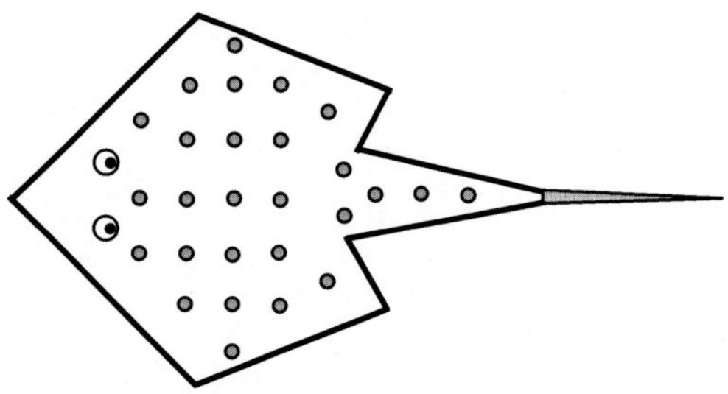

Uma vez definido o 7º passo, pode-se desenhar o contorno geométrico da arraia, colocando olhos, pintas e a cauda com o temível ferrão.

7.5.2 Dobrando um peixe de aquário, a partir de uma folha quadrada (desenho na escala 1:5)

1º Passo: dobro folha ao meio no sentido horizontal.

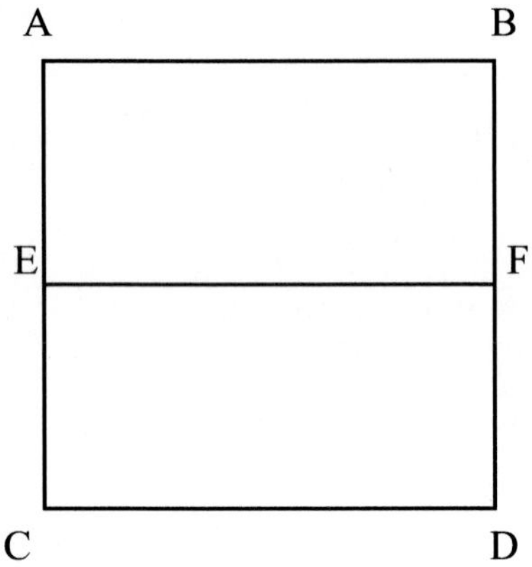

2º Passo: dobro folha ao meio no sentido vertical, marcando uma cruz.

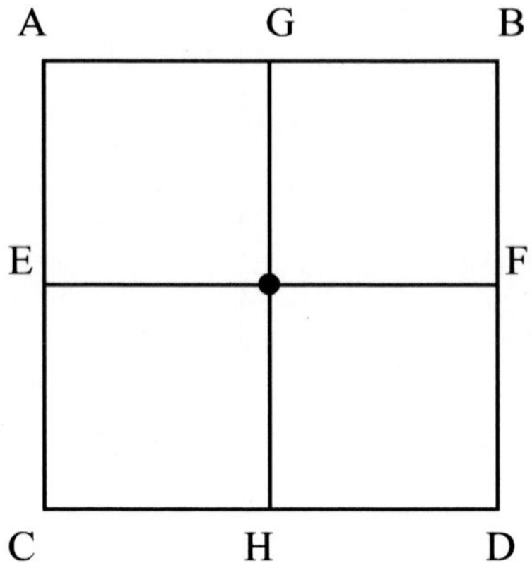

3º Passo: viro folha a 45º e junto o ponto D com o A, formando o triângulo mostrado abaixo.

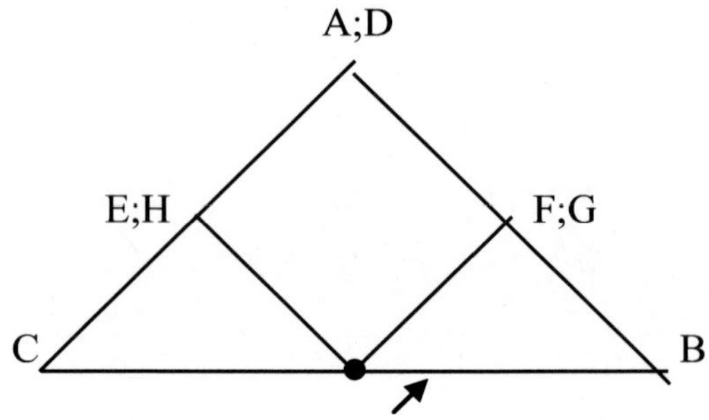

Esta é a diagonal CB do quadrado.

4º Passo: desdobro a folha e marco a diagonal AD.

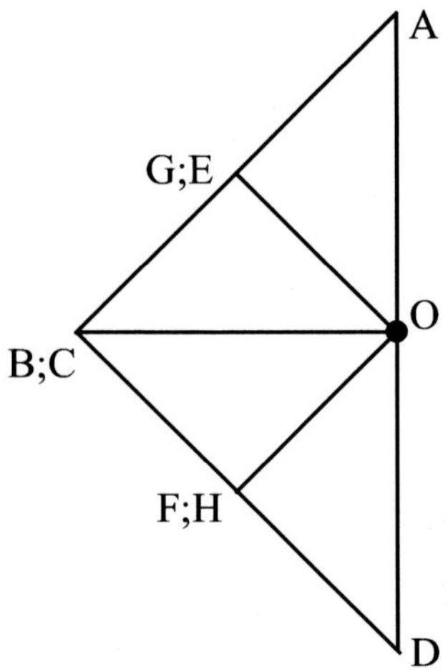

5º Passo: desdobro a folha, observando os vincos como mostrados abaixo.

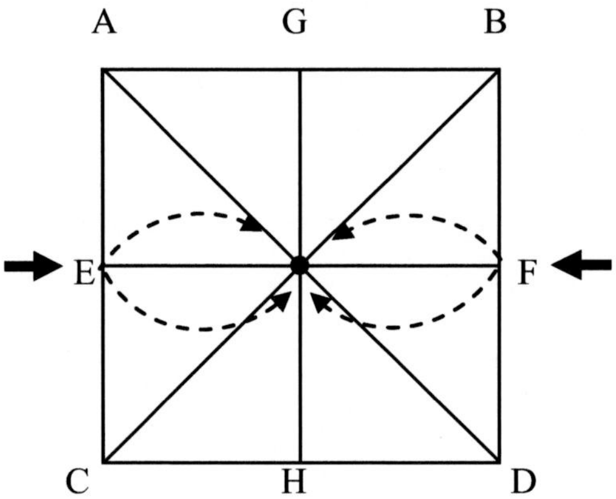

6º Passo: com as duas mãos, empurro os pontos E e F para dentro, de forma a obter o triângulo abaixo.

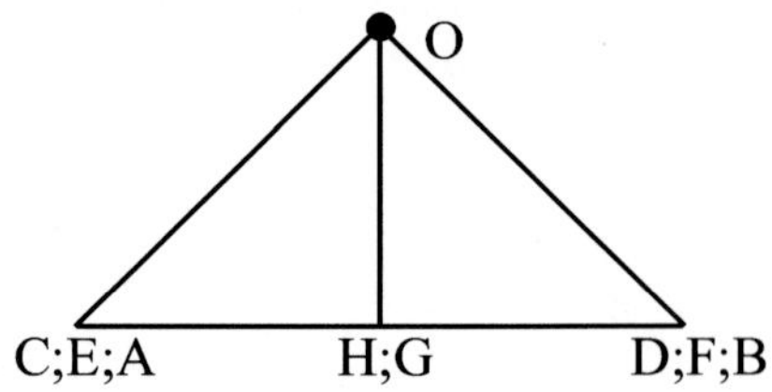

C, H e D estão na parte da frente.
E e F estão no meio.
A, G e B estão na parte de trás.

Este triângulo tem 4 folhas dobradas.

7º Passo: dobro o ponto D, para a esquerda e para baixo, alinhando com a linha OH, obtendo parte do rabo do peixe.

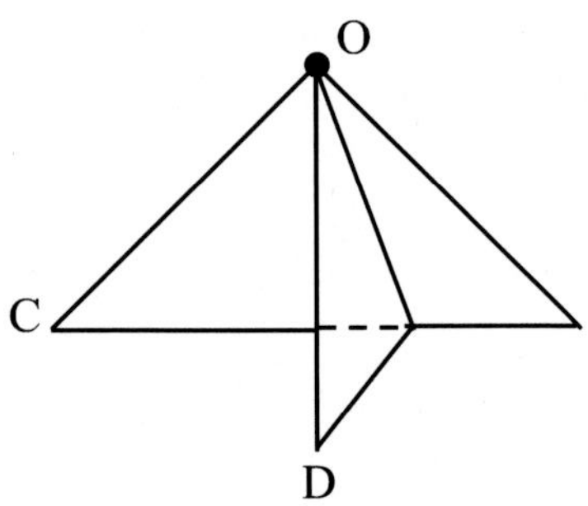

8º Passo: dobro o ponto C, para a direita e para baixo, alinhando com a linha OH, obtendo a outra parte do rabo do peixe.

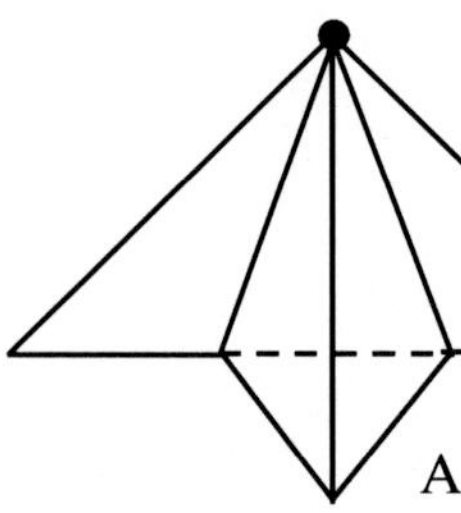

Aqui o peixe está pronto.

9º Passo: viro a dobradura ao contrário e temos o peixe finalizado.

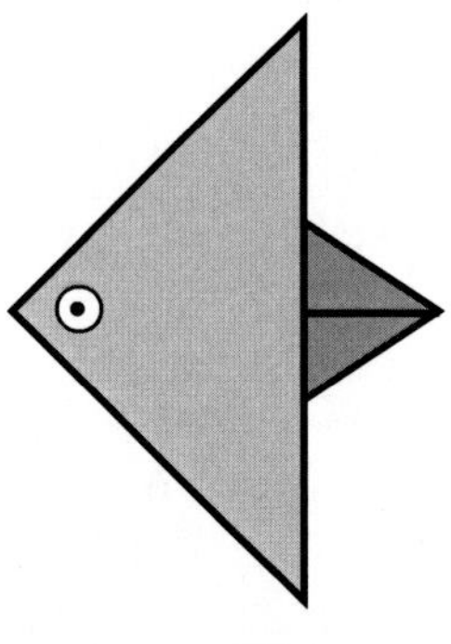

Como pode um peixe vivo viver fora da água fria?

7.6 O tangram

O tangram é um quebra-cabeça de origem chinesa, praticado há muitos séculos em todo o Oriente. Segundo a lenda, o jogo surgiu quando um monge chinês deixou cair uma porcelana quadrada, que se partiu em sete pedaços, surgindo seu nome, que significa " tábua das sete sabedorias" ou "tábua das sete sutilezas" .
A origem é de um painel em madeira, de 1780 do pintor japonês Kitagawa Utamaro (1753-1806), com a figura de duas senhoras chinesas a resolver um tangram. A mais antiga publicação com exercícios de tangram é do inicio do século XIX (1801 a 1900).
O tangram pratica-se desde há muitos séculos na China. Ele expandiu-se rapidamente para além do seu país de origem, tornando-se muito popular na Europa e nos Estados Unidos, e tem vindo a inspirar a criação de muitos outros jogos com as mesmas peculiaridades. O tangram é útil para: desenvolver o raciocínio lógico e geométrico (habilidades de visualização, percepção espacial e análise das figuras) e praticar as relações espaciais e as estratégias de resolução de problemas.
Ao contrário de outros quebra-cabeças ele é formado por apenas sete peças com formas geométricas resultantes da decomposição de um quadrado, que são: dois triângulos grandes, dois triângulos pequenos, um triângulo médio, um quadrado e um paralelogramo. Com estas peças é possível criar e montar cerca de 1700 figuras entre animais, plantas, pessoas, objetos, letras, números, figuras geométricas e outros.

7.6.1 A lógica matemático geométrica do tangram

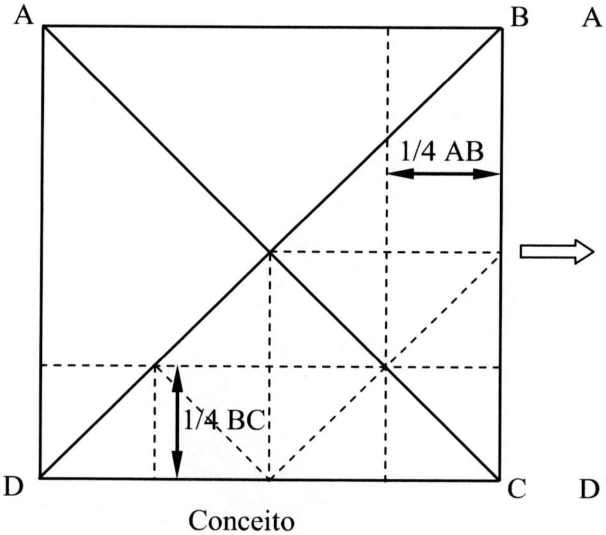

Conceito

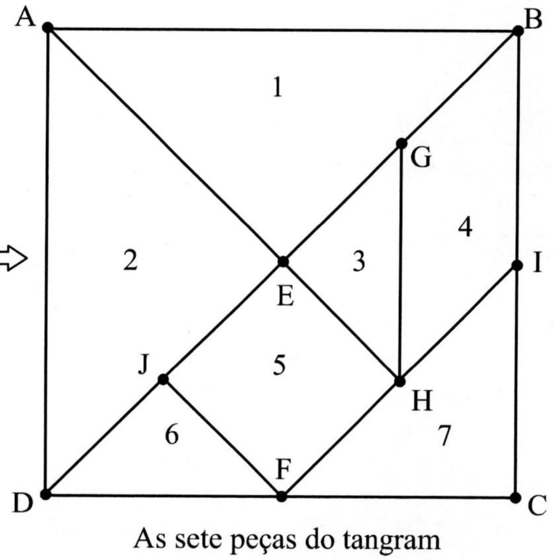

As sete peças do tangram

O tangram parte do conceito de um quadrado ABCD e suas diagonais AC e BD. Na sequência são feitas divisões, tanto a partir das diagonais, quanto no 1/4 dos lados AB e BD que, usando o conceito de paralelas, resulta na criação de sete polígonos muito bem definidos geometricamente, a seguir descritos:

Triângulo ABE igual ao ADE, ambos triângulos isósceles retângulos.
Triângulo DFJ igual ao EGH, ambos triângulos isósceles retângulos. } Triângulos semelhantes.
Triângulo CFI, isósceles retângulo.
Paralelogramo BGHI.
Quadrado EHFJ.
Excetuando o quadrado, que tem os quatro ângulos internos iguais a 90º, todos os outros polígonos, têm ângulos de 90º e 45º, sendo que o paralelogramo tem dois ângulos de 45º e dois de 135º, já que a soma dos ângulos internos de um quadrilátero é igual a 360º.

7.6.2 Arte geométrica com o tangram

Como são sete peças, ou melhor, sete polígonos, cada um será preenchido com uma das cores do arco-íris, como mostrado a seguir. A partir da combinação das sete peças, é possível a criação de centenas de imagens, principalmente de animais.

Esta é a base dos polígonos coloridos

Uma borboleta

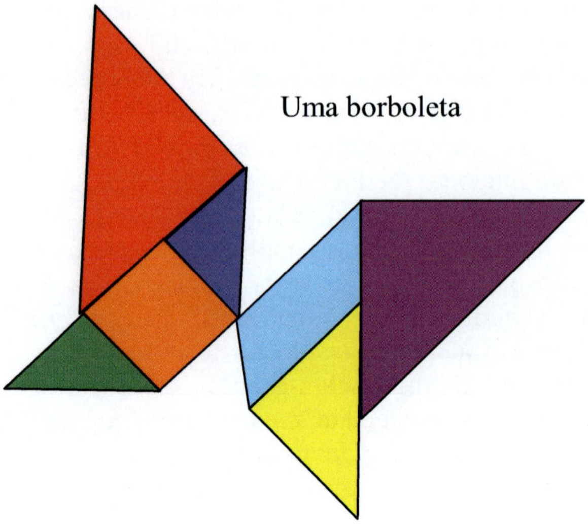

Um pássaro

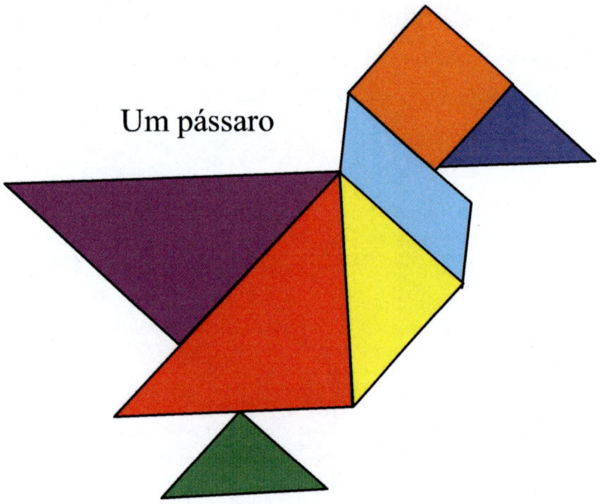

Um cavalo

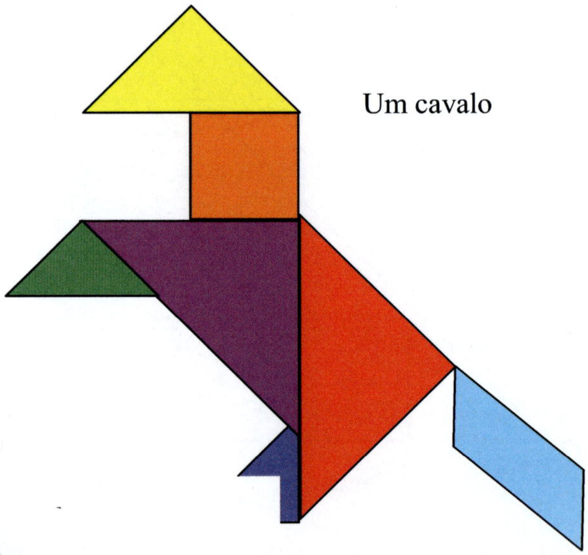

Vamos voar?

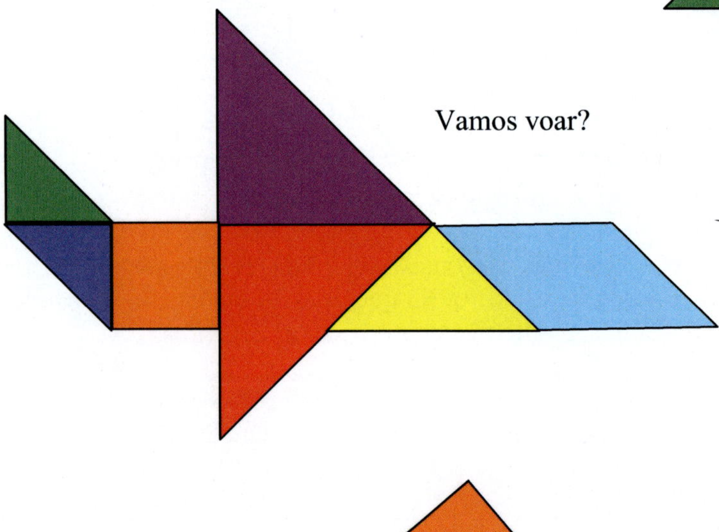

Que bicho é esse?

Referências

ABRANTES, José. **Geometria Analítica Aplicada**. Teorias, estudos e práticas nos Espaços R^2 e R^3. Introdução ao Cálculo Vetorial Aplicado. 5.ed. Rio de Janeiro: Ciência Moderna, 2019.

__________. **A Geometria Básica estudada nos Ensinos Fundamental e Médio**. Rio de Janeiro: Ciência Moderna, 2022.

ABRANTES, José; GRANADO, Renê Mendes. **Desenho Técnico Projetivo Básico**. Rio de Janeiro: Ciência Moderna, 2023.

CARVALHO, Benjamin de Araújo. **Desenho Geométrico**. Rio de Janeiro: Imperial Novo Milênio, 2008.

JANUÁRIO, Antônio Jaime. **Desenho Geométrico**. 2.ed. Florianópolis, Santa Catarina: Editora da Universidade Federal de Santa Catarina, 2006.

MICELI, Maria Teresa; FERREIRA, Patrícia. 3.ed. Desenho Técnico Básico. Rio de Janeiro: Imperial Novo Milênio, 2008.

MORI, Iracema e ONAGA, Dulce Satiko. **Matemática: Ideias e Desafios**. (Manual do professor, 7º ano do Ensino Fundamental). 18.ed. São Paulo: Saraiva, 2016.

PUBLIFOLHA. **História Ilustrada da Arte**. Os principais movimentos e as obras mais importantes. Produção editorial: Estúdio Sabiá. São Paulo: Publifolha, 2014.

Impressão e acabamento
Gráfica da Editora Ciência Moderna Ltda.
Tel: (21) 2201 - 6662